U0163017

有线遥测数字地震仪
原理和制造

宋祈真　郭建　郝学元　王剑　宋志翔　著

南京大学出版社

图书在版编目(CIP)数据

有线遥测数字地震仪原理和制造/宋祈真等著. —
南京：南京大学出版社,2021.12
　　ISBN 978-7-305-25071-2

　　Ⅰ.①有… Ⅱ.①宋… Ⅲ.①数字地震仪 Ⅳ.
①TH762.2

　　中国版本图书馆 CIP 数据核字(2021)第 217506 号

出版发行　南京大学出版社
社　　址　南京市汉口路 22 号　　　　邮编　210093
出 版 人　金鑫荣
书　　名 **有线遥测数字地震仪原理和制造**
著　　者 宋祈真　郭　建　郝学元　王　剑　宋志翔
责任编辑　甄海龙　　　　　　　编辑热线　025-83595840
照　　排　南京开卷文化传媒有限公司
印　　刷　南京人民印刷厂有限责任公司
开　　本　787×1092　1/16　印张 17.25　字数 420 千
版　　次　2021 年 12 月第 1 版　2021 年 12 月第 1 次印刷
ISBN 978-7-305-25071-2

定　　价　88.00 元
网　　址:http://www.njupco.com
官方微博:http://weibo.com/njupco
微信服务号:njuyuexue
销售咨询热线:(025)83594756

＊版权所有,侵权必究
＊凡购买南大版图书,如有印装质量问题,请与所购
　图书销售部门联系调换

前　言

　　本书介绍有线遥测数字地震仪的工作原理,并就制造实践中的经验和体会进行交流。

　　人工地震勘探是寻找石油、煤炭等矿产资源的主要手段,而数字地震仪则是实施地震勘探的有效工具。目前数字地震仪有有线、无线、节点等几种架构体系。因有线遥测数字地震仪带道能力大、数据回传速度快、实时监控快速方便,目前仍受地震勘探界青睐,所以国内现存的数字地震仪仍以有线遥测系统为主。

　　有线遥测数字地震仪系统庞大、技术复杂,而且各代先进数字地震仪始终紧密结合当时最先进的微电子技术。国内由于微电子技术与外界有较大差距,几十年来从大型国企、大专院校、科研院所到民营企业在大型有线遥测数字地震仪的研发上尽管投入不菲,却始终没有获得较大的进展。到目前为止,用于石油勘探的大型有线数字地震仪市场基本都被外国公司所占据,法国 Sercel 公司占了 90% 以上。

　　分析国内数字地震仪研发进展缓慢的原因除上述的技术差距外,国内研究力量分散,相互封闭,在许多不必要的重复开发上浪费了许多时间和精力。加上国外厂商封锁技术,不透露核心关键技术的原理,甚至不申请专利,其核心芯片的内部结构原理不明也是导致研发缓慢的原因。

　　归纳有线遥测数字地震仪的关键核心技术难点主要有以下几点:

　　1. 如何实现海量串联节点之间的可靠数字通信。数字地震仪在地震测线方向上串联有几千个节点(采集站),如何保证这些节点之间的数字通信稳定可靠是技术关键。

　　2. 如何实现地震勘探网络中数万节点之间的精确时间同步是第二个技术关键。

　　3. 如何实现系统的低功耗,尤其是数量庞大的采集站的低功耗,这是数字地震仪能否付之实用的关键。

　　本书编著团队十多年来坚持不断地探索和研究这些关键技术,在各种挫折和失败基础上取得了一些关键的成果。例如搞清了海量节点通信误码的原因和消除方法;首创了有自主知识产权的地震测线高精度时间同步的方法;提出了测线通信故障时快速建立冗余通信链路的实现方案。我们愿意和国内的数字地震仪研发同行们分享这些收获和经验,以求促进我国有线数字地震仪的国产化进程。

本书避开烦琐的理论推导计算,主要着重于原理分析和工程实现的方法。书中提供了部分硬件的电路设计和 FPGA HDL 设计,可以供读者参考借鉴和初学者入门学习用。由于本书编著者水平有限,不足之处难于避免,希望读者批评指正。本书的编著者都是 2008 年国家科技部"高精度地震数字采集系统"863 重点项目的实际参加者,郭建是该项目的总负责人。参与该项目研发工作的还有吴杰、刘宁、徐善辉、曹元庆、余可祥、马国庆、张国保、赵静等众多同事,他们都为本项目做出了很多贡献。南京万利电子有限公司的刘强、金亚兰、王亮和其他员工在研发过程中给予了大量支持和帮助,在此深表感谢。

最后指出,在本书编撰期间,在无线通信领域横空出世了 5G 技术。5G 能达到的通信速率高于 10 Gbps,如果将 5G 技术引进到数字地震仪中来,可以轻而易举地解决无线架构数字地震仪通信瓶颈的技术难题。利用 5G 可以轻易实现 10 万带道能力,同步采集和实时质量监控。所以可以预计数年后包括数字地震仪在内的很多领域都将会是 5G 技术的天下。中石化石油物探技术研究院已经开展 5G 节点地震仪的研发工作,并在近期完成了国内首台 5G 节点样机。而本书的编著者郝学元、宋志翔等又有幸参加了此项新任务的研发工作。我们期望他们能在科技创新的道路上更上一层楼,取得新成果。

本书由宋祈真执笔撰写。

2020 年 8 月

Contents
目 录

Chapter 01 有线遥测数字地震仪概述

Chapter 02 测线方向数字通信的技术方案选择

Chapter 03 测线通信误码原因和消除方法

Chapter 04　数字地震仪的精确时间同步要求

Chapter 05　采集站的设计方案

Chapter 06   电源站、交叉站功能和混合功能站的设计

Chapter 07   有线遥测数字地震仪的通信协议

Chapter 08 有线数字地震仪基本功能的 HDL 设计

Chapter 09 采集站 FPGA 的 HDL 设计

Chapter 10　混合功能站 FPGA 的 HDL 设计

Chapter 11　地震仪系统的测试

Chapter 12　误码仪的制作

Chapter 13　用 Pspice 观察 PLL 环路滤波器的波特图

1 Chapter 01
有线遥测数字地震仪概述

数字地震仪是一种用于石油勘探的仪器。其工作原理是在地面十余米深处埋放炸药后激发爆炸,爆炸产生的地震波向地球深处传播,地震波在遇到地下不同岩性地层的分界面时就会向地面反射。分布在地面的采集站将检测到的反射地震信号转换成数字信号,然后传送给地震仪的中央站。中央站记录存储这些数据,随后送到大型计算中心进行复杂的计算和处理,用来分析和探明地下深处的石油矿藏。因为地震信号全部以数字形式记录和传输,所以叫数字地震仪,有别于早期的模拟地震仪。数字地震仪有无线、节点(自主记录)、有线等多种模式。无线是指地震仪系统各部件之间用无线电方式传输命令和数据。节点模式则是在每个接收点放置一个独立的记录仪器采集和存储地震数据,节点相互之间无须通信。而有线则是在野外施工时,除了在一些特殊地形需借助无线、激光或微波等手段逾越障碍外,整个仪器系统的所有部件之间的相互通信基本都是利用线缆或光缆完成。本书只讨论有线数字地震仪。

石油勘探首先要在勘探区域布置测量网格,图 1.1 是一个有线数字地震仪最基本的三维勘探布局的示意图。

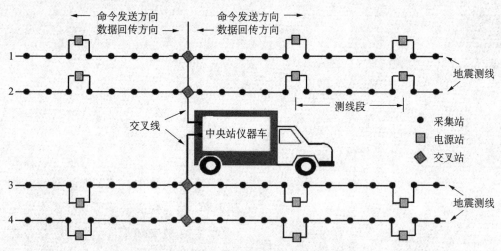

图 1.1   三维勘探测线布局图

一个最基本的三维地震勘探网络由多条水平地震测线和一条垂直交叉线组成,就像一个丰字。其中每条水平测线中有许多等间距分布的地震采集站(图 1.1 中的黑色小圆点),一条水平测线允许串联几千个采集站(例如 2 000 个)。如果采集站的间距是 20 米,单独一条水平测线的延伸长度可达 40 km。每个采集站都配备有地震波传感器(地震勘探行业通常称为检波器)。检波器将接收到的地震波模拟信号传送给采集站,采集站中的 24 位模/数转换器将其转换成数字信号。

由于采集站本身不带电源,所以每间隔一定数量的采集站必须插入一个电源站(图 1.1中的灰色方块)。每个电源站都带有一个 12 V 的电瓶,电源站的内部电路把 12 V 的电池电压转换成 48 V 直流电压给测线中的采集站供电。所以一条水平方向的地震测线是由几千个采集站和一定比例的电源站串联组成的。多条互相平行的测线用一条垂直的交叉线连接在一起。水平测线与交叉线的每个交汇点上都有一个交叉站(图 1.1 中的灰色菱形),交叉站的作用是将中央站的命令传送给水平测线上的电源站和采集站,同时把水平测线上采集站的地震数据传回给中央站。所以数字地震仪是由采集站、电源站、交叉站和中央站等部件组成的大型网络系统。

每个电源站能供电的采集站数量由采集站的功耗决定。采集站的功耗越低,电源站能供电的采集站数量就越多,供电时间也越长。所以尽可能降低每个采集站的功耗是数字地震仪的关键技术之一。

数字地震仪有一个重要指标是实时带道能力,所谓实时是指在规定的地震信号采集时长结束时能有多少个地震道的数据能即时传回到中央站。例如要记录 6 s 时长的地震数据,那么从引爆炸药的瞬间开始计时,到 6 s 结束时有多少个地震道数据能即时回到中央记录站,这就是实时带道能力。法国 Sercel 的 SN428 仪器的测线方向实时带道能力是 2 ms 采样时 2 000 道,508XT 是 2 ms 采样时 2 400 道。这个指标越高野外生产速度越快,效率越高。

以上述最简单的三维测网为例,如果每条水平测线能实时接收 2 000 个采集站的数据,布置 5 条测线,用 4 个交叉站串接后连接到中央站,就可以实时接收 1 万道地震数据。如果采集站间距是 20 m,测线之间的线距是 100 m,该测网可覆盖 16 km² 的探区。随着勘探精度要求的提高,地震采集的点距越来越密,对仪器实时采集能力的要求也越来越高。现在要求仪器有几万道甚至几十万道接收能力已经很正常,这对仪器的设计和制造提出了更高的要求和挑战。

1.1　有线数字地震仪的数字网络结构

如前所述,有线遥测数字地震仪的勘探布局是一个庞大的局域网,在这个庞大的局域网中运转着两套不同的网络系统和协议。垂直方向的交叉线采用的是标准以太网结构,以 TCP/IP 协议进行数据交换,数据速率是 100 Mbps 或 1Gbps,网络的传输介质是标准 UTP 网线或光纤。而水平方向地震测线运行的是仪器制造商自主定义的非标准通信协议。其通信介质是一根 4 芯电缆,内含两对通信线,分别向两个相反方向传输不同的数据。

中央站的命令先通过以太网发送给交叉站,交叉站再通过水平测线 4 芯电缆中的一对通信线给测线上的电源站和采集站发送命令,命令朝着测线远端传播。测线上的每个电源站和采集站在接收和转发交叉站命令的同时执行地震数据采集。

地震测线中既有采集站又有电源站,我们把每 2 个电源站之间的地震测线称作测线段。一个测线段中串接的采集站一般在 48 到 60 个之间(最少可以是 1 个),测线段的长度可达 1 km 左右(由采集站之间的电缆长度决定)。

图 1.2 为一条包含 3 个测线段的地震测线结构示意图,用来说明交叉站、电源站和采集站之间的连接关系。图中的灰色框是交叉站或电源站,白色框是采集站。图中最左边是交叉站(实际施工时交叉站的左右两侧都连接有地震测线,由于插图篇幅限制,图 1.2

中只画出了交叉站右边的测线）。从交叉站的右侧端口到电源站 1 之间的采集站组成了测线段 1，电源站 1 到电源站 2 之间的采集站组成测线段 2。测线末端是只含一个采集站的测线段 3。

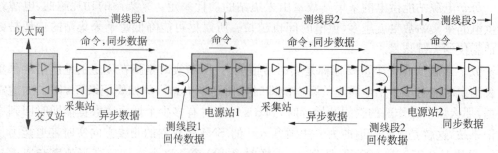

图 1.2   地震仪的数字通信网络

如图 1.2 所示，每个测线段中都含有 2 个方向相反的数据传输通道。上方数据通道的传输方向朝向测线尾端，下方数据通道的传输方向朝向交叉站。

交叉站利用上方的数据通道向测线远端发送来自中央站的命令，每个采集站接收这些命令并转发给下一个采集站。同时每个采集站将采集的地震数据紧跟在命令后面也发送给下一个采集站，到电源站为止。

电源站接收到上游测线段转发的中央站命令，同时也接收到上游测线段中所有采集站采集的地震数据（称作同步数据）。电源站把中央站命令转换成采集站命令发送给下游测线段中的采集站，同时把上游测线段的地震数据截留下来进行编排和打包（变成异步数据包），并把打包的数据通过测线下方的数据通道发回给交叉站。每个电源站还要负责接收和转发下游其他电源站发回的异步数据包。从图 1.2 中可以看出，每个采集站的下方数据通道都要负责转发电源站回传的数据。

从图 1.2 中可以看出在交叉站和电源站 1 之间形成一个地震数据闭环回路，同样在电源站 1 和电源站 2 之间也形成一个地震数据闭环回路。图 1.2 中最后一个测线段 3 仅由 1 个采集站构成（由于篇幅限制，图中只能画出一个）。测线末端虽然没有部署电源站，但将采集站的上方和下方数据通路连接，也形成一个闭环回路。所以一条地震测线上的数据通路是由许多这样的闭环回路环环相扣连接在一起组成的。

上面的介绍只是测线上数据通信原理的简单描述，实际的处理流程要更复杂一些，我们将在后面章节详细介绍。

1.2　具有冗余通信路径功能的网络结构

从上面介绍可以得知测线上所有命令和地震数据是通过采集站和电源站一级一级传递转发的，这种机制实际上是很脆弱的，一旦测线上某个位置发生故障（如电缆断裂、采集站故障、电源站故障）就会立即导致整条测线的通信中断，既不能下达命令，也不能上传数据。如图 1.3 所示的 4 条水平测线中,如果 3 号测线在 X 点的电缆断了,那么交叉站 D 和 X 点以及左侧的所有通信全部都中断,这时只能等待维修人员来修复或更换电缆以恢复通信。

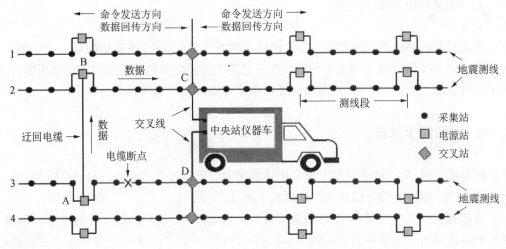

图 1.3　建立冗余通信路径示意图

现在石油勘探野外施工时一般都要布设 2 万~3 万道采集站的探测网络,施工人员多达 2 千余人,而且工程进度安排紧凑,每天要放 500~600 炮,差不多一分多钟就要放一炮。所以一旦系统发生故障,势必造成大量施工人员停工等待,会造成很大的经济损失。

法国 Sercel 公司推出一种新的网络架构设计理念,在 508XT 地震仪中把交叉站和电源站的功能合并设计成一种混合功能站 CX-508。CX-508 既可以配置成交叉站执行交叉站功能,也可以配置成电源站执行电源站功能。在图 1.3 中假设 3 号测线的 X 处发生电缆故障,导致 X 点以下的通信全部中断时,交叉站 D 发出的命令就不能下传,X 点以左的地震数据也无法回传。这时只需将测线 3 中的站点 A(原来执行电源站功能)与相邻测线 2 的站点 B(原来也执行电源站功能)用一根网络线连接起来,快速建立一条新的通信链路。中央站只需经由交叉站 C 和电源站 B 给电源站 A 发送发送一条功能切换命令,将站点 A 转换成执行交叉站功能。A 立即启动数据恢复程序,将通信中断时保存在电源站 A 中的地震数据经迂回电缆传送给 B,然后再由 B 传送给交叉站 C,最终回到中央站。同时中央站的命令也可以通过 C 和 B 顺利传达给与 A 连接的所有采集站和电源站。利用这种快速通信链路重构技术不必等待耗时的故障维修就可以立即恢复正常生产,提高了野外施工生产的效率。这种技术叫作 X-Tech 技术。我们将在后面章节详细介绍实现 X-Tech 技术的混合功能站实现方法。

1.3　有线数字地震仪的数字网络特点

有线遥测数字地震仪是一个庞大的数字通信网络,其网络节点多(数万),堪称海量,数据传输速度快(16 Mbps 或 20 Mbps)、同步精度高(小于 20 μs)、节点功耗小(<120 MW)。其主要特点如下:

1. 海量节点和高可靠性

地震勘测网络的单条地震测线串联的采集站有几千个,每个采集站都是一个中继站,数字信息以 16 Mbps 以上的速率传输。要求数据在如此之多的中继站之间高速传输时确保可靠性是最大的技术难点,这是研究遥测数字地震仪的重点内容之一。

2. 精确同步采样

野外施工时,数字地震仪要求整个地震测网中的所有采集站同时启动 AD 转换,要求所有站点 AD 转换的相位误差加同步误差不超过 20 μs。

要达到相位误差足够小,就必须要求每个采集站的 AD 转换器的工作时钟非常准确。最好的办法是所有采集站都采用同一个基准时钟,例如在 SN428 中每条测线中的采集站都采用交叉站中的 ±5 ppm 的 16.384 MHz 温控晶体振荡器产生的时钟。

AD 启动的同步误差是每个采集站接收到起爆命令的时延造成的。交叉站发出的命令在地震测线的各采集站之间传输时,每个站点在执行命令识别和转发时总会产生延迟。即使每个站点转发的延迟只有几个 μs,在一条串联 1 000 个采集站的测线上,接收到中央站命令的第一个采集站和最后一个采集站之间就会产生几个 ms 的延时,远远超出 20 μs。

同样在交叉线方向的以太网中,各站点之间的通信执行以太网的 CSMA/CD 机制,受网络通信的繁忙程度以及 OSI 协议层传输延时等因素影响,各站点的数据包的传输延时也是不确定的,可以从几十微秒到几毫秒,所以普通以太网也无法满足地震数字测网的精确同步要求。

所以如何克服地震网络中数字信号传输延时的影响,实现全网的精确时间同步也是需要研究的重点内容。

3. 低功耗

在野外勘探生产时,数字地震仪的地面部件采集站、电源站和交叉站完全靠电池维持工作,如果每个电源站用 2 个 12 V 汽车电瓶轮流给 50 个采集站供电,一台 2 万道仪器就需要配备 400 个电源站和 800 个电瓶。在野外没有电网供电仅靠发电机的情况下为这么多电池补充能源是一项沉重的负担,所以必须尽量降低整个系统的功耗,延长电池的充电周期。在数字地震仪的研制中,地面部件特别是采集站的功耗是研制的仪器能否用于实用的关键。

2 Chapter 02
测线方向数字通信的技术方案选择

如前介绍,有线数字地震仪采用了两种数字通信网路,其交叉线方向是标准的以太网,市场有现成的产品。但在地震测线上运转的是自定义网路,下面重点讨论地震测线方向的通信技术方案的选择。

2.1 测线数据传输速率的选择

测线方向的数据传输速率取决于三个因素,一是对测线方向上实时传输的道数要求,二要考虑通信电缆的带宽限制,三是采集站的功耗要求。Sercel 的 SN428 给出的技术指标是当数据传输率为 16 Mbps 时,可实时传输 2 000 道 2 ms 采样的数据。我们按最有利的条件计算,即交叉站的左右两边各接 1 000 道采集站。2 ms 采样时每秒有 500 个样点,每个样点有 24 个数据位,1 000 道纯地震数据量就等于

$$24 \text{ bit} \times 500/s \times 1\ 000 = 12 \text{ Mbit/s}$$

如果算上数据包的封装(数据帧头、帧尾等辅助信息等)实际的数据量大于 12 Mbit/s 这个值。但由于测线上的数据传输率是 16 Mbps,那么当交叉站左右各连接 1 000 道采集站时,实时传输应该是可以实现的。但是实际野外生产中交叉站两侧的采集站道数是随施工进展动态变化的,如果出现交叉站两分别为 1 500 道和 500 道的情况,这时 1 500 道测线每秒产生的纯有效数据就达到 18 Mbit/s(SN428 的说明书称,在电源站中对数据还做了压缩处理)。此时数据的回传虽然有一点延迟,但基本上还是可以实时看到采集的地震数据。Sercel 新推出的 SN508XT 数据传输率已提高到 20 Mbps,给出的指标是 2 ms,2 400 道实时传输,比 428 提高了 25%。

决定数据传输率还要考虑传输线的带宽限制。根据我们实测,Sercel 测线上用的标准 4 芯传输电缆的带宽略小于 20 MHz,仅略高于 3 类线。如果传输数据采用 HDB3 编码,16 Mbps 数据传输率的信号频谱的主频在 8 MHz,20 Mbps 数据传输率的信号频谱的主频在 10 MHz,所以采用该电缆完全没问题。而我们的试验系统采用的是曼彻斯特编码,16 Mbps 数据率时的信号主频在 13 MHz 附近,所以 Sercel 的标准 4 芯电缆仍能满足传输要求。

选择数据传输率还要考虑对采集站功耗的要求。因为提高数据传输速度必须提高采集站的工作时钟频率。我们的采集站通信电路是用 FPGA 实现的,FPGA 的功耗与系统时钟的工作频率呈线性正比关系,时钟频率的提高直接导致功耗的增加。所以选择数据传输率必须在上述几个因素中权衡利弊。我们在试验项目中采用 16.384 Mbps 的数据速率和差分曼彻斯特编码,经实际试验证实完全满足 2 个采集站之间无误码通信的要求,采集站功耗也能控制在 270 MW 以内。

2.2 测线数字传输编码方法的选择

数字地震仪测线方向上的数字传输采用的是串行同步传输技术,也就是发送方在发送串行数据流的同时也发送与每个数据比特完全同步的时钟,但该时钟不是用单独的通信线传送而是包含在发送的数据之中的。另外为了利用信号线给采集站供电,发送端和接收端之间都用变压器耦合,所以要求发送的数据流中不能含直流分量,以避免造成通信变压器的磁芯被磁化。变压器的单方向直流磁化会造成磁芯的磁饱和,使数字脉冲发生畸变失真导致误码,甚至使通信完全失败。

计算机内部采用的是单极性 NRZ 码(不归零码)。NRZ 码是二元码,数据中的位单元等于 1 时为高电平,等于 0 时为低电平。由于数据流中的 1 和 0 的出现的次数是不相等的,NRZ 码的串行信号中含有直流分量,所以不能用它直接去驱动变压器。另外 NRZ 码中也不含有时钟信息,所以 NRZ 码不适用同步数据传输,必须将其进行适当的码型变换,即所谓的编码。将 NRZ 码经过码型变换后直接送到信道去传输,称为基带传输。基带传输按时间顺序一个码元接着一个码元地在信道上传输,每秒钟发送的二进制码元数量称为码元速率(注意码元速率并不直接等于数据传输速率)。串行传输方式只需要一条通道,所以设备简单,投资小,特别适合低成本短距离的数据传输。总结起来地震仪基带传输的编码方式要求具有以下特点:

(1) 编码信号中不含直流分量,数字信号带宽尽量窄,信号频谱的最高点最好在带宽的中央;

(2) 编码数据中含有时钟信息,接收端可从数据流中提取同步时钟;

(3) 编码数据具有内在检错能力;

(4) 传输线无须辨别极性,站点之间可随意对接,便于野外施工。

如前所述,信号中不含直流分量就可以用变压器发送和接收数字信号。在数字地震仪中通信线接口使用变压器耦合的好处是可以利用传输线传送数字信号的同时给采集站供电,这样就省掉了 2 根专用的供电电缆。有关远程供电的原理我们将在后面章节详细介绍。

编码后的数据流中含有时钟信息,接收端就可以从数据流中提取同步时钟用来恢复数据。不必另用线缆来传递时钟,这就又减轻了传输线重量。

内在检错功能是指相邻码元之间存在一定的制约关系,如果接收到的数据流违反这种制约关系就可以检测出数据传输过程中的错误。该特点也可以用来生成具有特殊功能的码序,如数据帧的帧头。

基带传输一般采用 2 根差分线(双绞线)传输信号,地震仪要求编码方式应该无须辨别 2 根传输线的正负极性。这样野外施工连接测线时可以任意对接。

下面是几种常用的编码方法。中等速率数据传输常用的编码方法有交替双极性归零码(AMI)、三阶高密度双极性归零码(HDB3)、曼彻斯特码(Manchester)、差分曼彻斯特码(Differential Manchester)等等。它们的波形图见图 2.1,我们下面分别分析它们的优缺点。

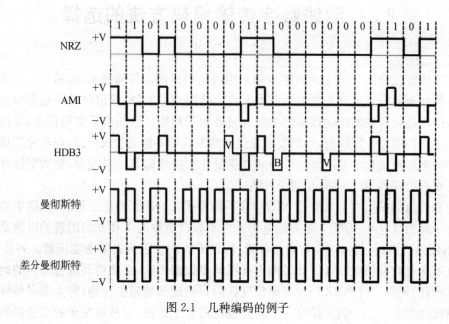

图 2.1 几种编码的例子

1. AMI 码

最简单编码方法是 AMI 码(交替双极性归零码)。这是一种含有 3 个电平输出的编码方法(三元码)。其编码方法是数据流中凡是出现 1 的位单元都变换成交替的 $+v$ 和 $-v$($+v$ 是正脉冲,$-v$ 是负脉冲,见图 2.1),是 0 的位单元则恢复至零电平。由于 $+v$ 和 $-v$ 是交替出现,所以输出信号中的直流平均值等于 0。AMI 编码含时钟信息和内在检错功能。缺点是如果数据中含有太长的连续 0,提取同步时钟的锁相环电路就会失控,使锁相环输出的恢复时钟和输入的数据不再维持正确的同步关系,导致对跟随在连续 0 后面的数据判决出错。所以一般很少直接将 AMI 码用在基带传输上。

2. HDB3 码

HDB3 码是在 AMI 码基础上改进后的编码方法,其特点是其编码输出不允许超过连续 3 个 0。当输入数据流中出现 4 个连续 0 时,就用一个特定的编码序列 B00V 来代替这 4 个 0。其中的 B 可以是 0、$+v$ 或 $-v$(3 种可能),V 可以是 $+v$ 和 $-v$(2 种可能)。具体编码步骤如下:

① 第一步,将 NRZ 码变换成 AMI 码,当连续 0 不多于 3 个时,则保持 AMI 的形式不变。

② 第二步,如果 AMI 码中出现 4 个连续 0 时,就要用码序 B00V 来替代。方法是先

将第 4 个 0 变成替代码 V，V 的取值与 4 连 0 之前的最后一个非 0 码(+v 或－v)相同，而第 1 个 0 的替代码 B，暂时仍保留 0。所以＋v0000 变成＋v000＋v，而－v0000 变成－v000－v。

③ 第三步，回过来再决定 B 的取值。首先看前面是否已经出现过取代码 V，如果还没有(也就是本次取代码是数据流中的第 1 次)，B 就保持 0 不变。如果前面已经出现过取代码 V，那么就要统计本次取代码 V 和上次取代码 V 之间的＋v 和－v 总数是偶数还是奇数。如果是奇数，B 取 0，所以转换码仍然是 000 V。如果是偶数，B 就取与 4 连 0 之前非 0 码的相反极性。所以＋v000＋v 就变成了＋v－v00＋v，－v000－v 就变成了－v＋v00－v。

④ 第四步，在非第 1 次的 4 连 0 的 B 取值确定后，还要将替代码中的 V 要转换成与 B 相同的极性。所以＋v－v00＋v 最终就变成＋v－v00－v，－v＋v00－v 变成－v＋v00＋v。

我们可以从图 2.1 来理解 HDB3 的编码规则。观察图 2.1 顶部的 NRZ 码中第一次出现 4 连 0 时，因为此前没有发生过取代码 V，执行第 2 步将 0000 转换成 000＋v，B 等于 0 无须变换。接着 NRZ 码中又出现了第二次 4 连 0，执行第 2 步时还是转换成 000＋v(请注意，这时码流中的＋v 和－v 的个数已经不平衡，数据流中出现了正的直流分量)。再执行第三步，因为本次 V 和上次 V 之间的非 0 个数是偶数(2 个)，所以 B 不能取 0 值。因为 B 之前的非零码是＋v，所以 B 必须取值－v，替代码就成了－v00＋v。然后执行第 4 步，在第二步中替换的 V 应要与 B 一致，所以 4 连 0 的替代码就变成－v00－v。从图 2.1 中展示的 HDB3 最终结果可以看出码流中的＋v 和－v 数量重新达到平衡。此后的码流仍然按正常规律转换极性。从上介绍可以看出 V 码插入破坏了正常的编码规律，导致码序出现了直流分量。插入 B 是为了恢复直流分量的再平衡，使输出信号中的直流分量平均值重新回到 0。

从前面描述的 HDB3 编码读者可能有点晕，似乎很烦乱，但实现的 HDL 设计并不复杂。我们在后面将提供 FPGA 编程的例子。

HDB3 的解码很简单，只要发现出现破坏极性交替规律的码序如＋v000＋v、－v000－v 就将它们替换成 10000。如发现码序＋v00＋v 和－v00－v 就直接将它们替换成 0000。由于 HDB3 的数据码流中连续 0 不超过 3 个，就保证了锁相电路的稳定工作。

HDB3 码是一种比较理想的基带传输编码方法，Sercel 公司的 SN408 和 SN428 都是采用的 HDB3 编码方法。其码流中含时钟信息，含内在的检错功能。不含直流分量，对传输的双扭线无须区分极性。更主要的是其信号频谱峰值只到数据传输率的 50%，16 Mbps 数据传输率时，传输信号频率的峰值点是 8 MHz，也就是其码元速率只等于数据传输速率的一半，所以对传输电缆的带宽要求降低。此外 16 Mbps 数据率的 HDB3 编码数据后端数字处理电路的工作时钟只需用 16 MHz 就够了，从而降低了采集站的功耗。

3. 曼彻斯特码

曼彻斯特码用在以太网中,其编码规则是在每个码元的中央必有一个跳变(见图 2.1 中展示的波形),所以码流中自然就包含了时钟信息,而码元中央的跳变的方向则隐含了数据信息。IEEE 802.3 中规定,如果是低电平→高电平跳变表示 1,高电平→低电平的跳变表示 0。也有另一种规定刚好相反,码元中央位置高电平→低电平的跳变表示 1,低电平→高电平跳变表示 0。不管怎样规定,说明曼彻斯特码的解码是与极性有关的。也就是如果将传输信号线接反,得到的结果刚好是反码。曼彻斯特编码数据流中含有时钟信息,具有内在检错功能,不含直流分量。但曼彻斯特码的码元传输率的峰值在数据传输率的 80% 左右。16 Mbps 数据传输率时,信号频率的峰值在数据率的 0.8 左右,即13 MHz 左右,所以对传输线缆的带宽要求高了。另外 16 M 数据率时,曼彻斯特码的编码和解码的工作时钟必须提高到 32 MHz,所以采集站的功耗也增加了。

4. 差分曼彻斯特码

差分曼彻斯特码是对曼彻斯特码的改进,编码规则也是在每个码元的中央处一定有跳变(见图 2.1 中展示的波形),所以信号中也包含了时钟信息。其编码规则是如果码元是 1,在码元的起始处无跳变。如果码是 0,在码元的起始处有跳变。所以解码时判断数据是 1 还是 0,只需检查码位的起始沿有无跳变就可以了。差分曼彻斯特码与传输线极性无关,只要将传输线连通就可以正确解码。差分曼彻斯特码应用在 IEEE 802.5 令牌网中。16M 数据率时差分曼码的编码和解码的时钟频率也是 32 MHz。

图 2.2 是上述几种编码信号的谱分析。从图中可以看到 NRZ 码含有直流分量,其他几种编码都无直流分量。AMI 和 HDB3 码的峰值点在归一化频率的 0.5 左右。曼彻斯特码和差分曼彻斯特码占的频带最宽,其峰值在归一化频率的 0.8 左右。在相同的数据速率时,曼切斯特码和差分曼切斯特码的码元速率接近 AMI 和 HDB3 的 2 倍。码元速率高就相应提高了电路的工作时钟频率,继而必然增大电路的功耗,这是曼切斯特编码和差分曼切斯特编码不利的地方。

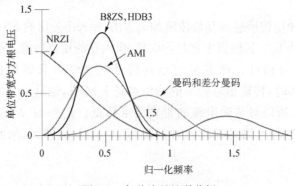

图 2.2 各种编码的谱分析

2.3　测线数据帧同步头的编码方法

地震仪中的数据传输是以数据帧的方式传输的。为了鉴别一个数据帧的起始点,需要给数据帧加一个同步头。在以太网的 TCP/IP 数据包中,包同步头用 8 个字节组成。但在地震测线上为了提高传输效率,节省信道资源,每个数据帧的同步头只能占用一个字节。帧同步头不能按正常方式编码,必须采用破坏正常编码规则的办法来编排同步头的码序,以避免与数据流中的正常有效数据相混淆。

我们以差分曼彻斯特码为例说明。从前面介绍已知,差分曼码在正常二进制数据 1 和 0 的码元中央位置都会出现一个跳变。我们设计两个特殊的码元 J 和 K,使其不遵守正常编码规则,即在码元的中央位置不出现极性跳变。所以解码电路无法从 J 和 K 获得二进制数据(检错机制将指示这是 2 个编码错误),但是该错误却可以用来标识数据帧的同步头。图 2.3 是一个典型的 8 位同步头的码序设计 10110JK1,从中可以看到表示 1 和 0 的码元中央位置都有跳变,但 J 和 K 的中央位置无跳变。所以地震测线上数据帧的同步头可以用包含 J 和 K 的任何码序组成,图 2.3 中的两个波形图都可以用作帧同步头。在测线的数据流中每个数据帧同步头紧跟前一数据帧尾,前一数据帧的最后一位可能是 0 也可能是 1,所以可以从 2 个同步头中选择一个与前面的数据帧实现无缝衔接。

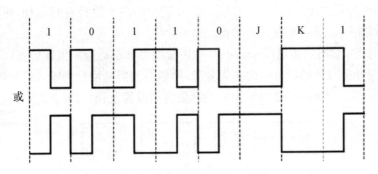

图 2.3　差分曼码的同步头设计

前面已经介绍过 HDB3 的正常编码规则,同样 HDB3 码中如出现违反编码规则的信号时也能被检测出来。例如其正常的 HDB3 编码信号的正负两路输出不可能出现图 2.4 这样的码序,根据这个特点很容易设计 HDB3 编码数据的帧同步头。所以图 2.4 中仅用 4 个码元就可以组成 HDB3 数码帧的同步头。

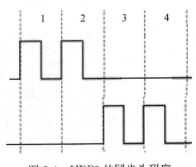

图 2.4　HDB3 的同步头码序

2.4 测线数字通信的接口电路选择

数字地震仪测线方向的数据传输是基带传输(不经调制),速率为 16.384 Mbps,传输距离要求不高(25~50 m),但对功耗要求很高(Sercel SN428 采集站的总功耗<120 MW)。对数字地震仪来说 HDB3 是比较理想的编码方法,因为其传号码元的频谱中心频率只有数据传输率的一半,所以对传输电缆的要求降低。同时相应的编码、解码、时钟数据恢复电路的工作时钟只需等于数据传输率(16 MHz)就够了,所以 HDB3 编码可大幅度降低采集站的功耗。

但是市场上没有能够满足地震仪通信速率和低功耗要求的商品接口芯片出售。Sercel 公司的测线通信接口电路是委托当年著名专业通信芯片商 Zarlink 定制开发的(该公司已于 2011 年被 Microsemi 收购)。我们不清楚 Sercel 专用芯片的内部结构,但是我们知道其采用的是 HDB3 编码技术,所以可以通过市面上典型 HDB3 通信接口芯片来了解其接口电路是如何工作的。

图 2.5 是典型的 HDB3 数字通信接口芯片内部结构原理图。该接口电路实际上是一种数字/模拟混合电路。其发送电路中有成帧器和发送编码器(负责把要发送的数据变换成 HDB3 码并加上帧头和帧尾),高速 D/A 转换器(将编码后的数据位根据预设的模板生成预加重的数字信号驱动脉冲)。所谓预加重就是在传输线的发送端增强信号的高频成分,以补偿高频分量在传输过程中的损失,D/A 输出的波形模板有好几种,可根据不同的传输距离选择使用。最后是发送驱动器。

其接收电路中含有均衡器(Equalizer),峰值检测器和自适应阈值比较器(Comparator)。均衡器用来提升接收到的信号中的高频分量,峰值检测器自动检测输入信号的峰值,自适应阈值比较器(Comparator)能根据检测的峰值自动设置比较器的门槛电平。

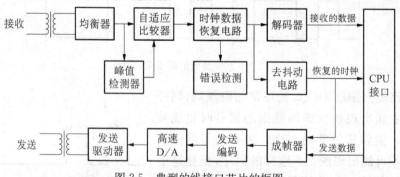

图 2.5 典型的线接口芯片的框图

发送端的预加重和接收端的均衡器使接收端的数字脉冲中的频率分量得到较好的平衡,达到消除码间干扰的效果。时钟数据恢复电路从输入数据流中提取并恢复同步时钟,用来对输入数据采样获得恢复的数据。解码器将恢复的数据剥离同步头、解码、执行错误校验,最后得到与发送端完全一致的二进制数据。去抖动处理电路用来消除恢复时钟中的抖动,然后用该时钟来转发数据,消除抖动的方法原理我们将在后面单独详细介绍。

芯片市场上具有类似上面功能通信接口芯片有很多种,但传输速率一般都是 2.048 Mbps/1.544 Mbps。单片单路的功耗至少 100 mW,而一个采集站中要用 2 个接口芯片,其传输速率和功耗都远不能满足数字地震仪的要求。

由于上述通信接口中发送端的高速 D/A 转换器、脉冲模板成型器、接收端的自适应阈值比较器等功能都不易简单实现,所以过去国内的地震仪研制者大多采用 RS-485 串行通信接口芯片或者以太网接口芯片 phy 来代替地震测线上的数字通信接口。RS-485 的最高数据传输速率只有 10 Mbps,以太网 phy 包含大量与地震仪应用不相干的功能,而且功耗很大,两者使用效果都不好。

自主设计和定制专用通信芯片肯定是最终解决方案,但是在研发的初期阶段并不可行。因为专用通信芯片中除数字通信接口电路外还包含复杂的实现各种地震仪控制功能的通信协议。在整个地震仪系统功能趋于完善和大量实际应用检验之前,无法避免设计中可能的错误和遗漏。而专用芯片把通信接口和协议控制做在同一个芯片之中,一旦做成芯片就不可更改。加上制作芯片的投资不菲,为了避免造成浪费在研制阶段的前期只能先寻找其他替代方案。

LVDS 接口是目前可选的替代方案之一。LVDS 是美国国家半导体公司 1994 年提出的一种信号传输模式。这种技术的核心是采用极低电压摆幅和差动模式进行高速传输数据,其功耗低(<2 mW),可以实现点对点或一点对多点的连接。LVDS 因为其信号摆幅很小(247 mV~454 mV),所以传输速率高。因采用双股平衡传输线,所以抗干扰性能强。

LVDS 技术最早应用于计算机主机和液晶显示器之间的连接,现在已经得到了越来越广泛的应用。目前,流行的 LVDS 技术规范有两个标准:1995 年 11 月,以美国国家半导体公司为主推出了 ANSI/TIA/EIA-644 标准,又称 RS-644 总线接口;1996 年 3 月,IEEE 公布了 IEEE 1596.3 标准。LVDS 的供电电压可以从+5 V,+3.3 V 到+2.5 V,最高数据传输速率可达 655 Mbps。

LVDS 的工作原理如图 2.6 所示,其驱动器由一个 3.5 mA 恒定电流源组成,传输线是一对平衡信号线,与传输线匹配的终端电阻为 100 Ω。LVDS 接收器的直流输入阻抗很高,所以驱动电流主要流入 100 Ω 终端电阻,并在电阻两端产生大约 350 mV 的压降施加在 LVDS 接收器的输入端。当驱动电流翻转时,流经电阻的电流方向反转,因此产生有效的逻辑"1"和逻辑"0"状态。

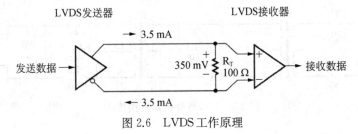

图 2.6 LVDS 工作原理

根据美国国家半导体公司给出的 LVDS 数据传输速率和传输电缆的关系,当采用 CAT5 双绞线缆时,10 m 长度传输速率可达 150 Mbps,20 m 的速率降至 108 Mbps,50 m 时为 40 Mbps,100 m 只能达到 10 Mbps。由于数字地震仪的目标传输速率是 16 Mbps,常规使用的电缆长度不超过 55 m,所以 LVDS 是一个合适的选择。

为了给采集站提供电源,有线遥测数字地震仪的地震测线中的数字传输要求用变压器耦合来传输信号。但 ANSI/TIA/EIA - 644 标准和 IEEE 1596.3 标准都没有涉及 LVDS 变压器应用的规定。虽然所有 FPGA 芯片厂家的芯片都配置了 LVDS 接口,但都没有提供 LVDS 变压器耦合的应用例子和相关介绍。

经试验,标准 LVDS 发送器由于驱动电流小(3.5 mA),无法驱动变压器以实现几十米距离上的可靠数据传输。据查资料 Actel 公司的 FPGA 的 LVDS 发送器并不是标准的 3.5 mA 电流源结构,而是用 2 个互补的 CMOS 驱动器模拟 LVDS 差分驱动器的功能,其驱动电流能达到 24 mA。使用时为了获得标准 LVDS 的 3.5 mA 驱动输出,还要增加由 2 个 165 Ω 和 1 个 140 Ω 电阻组成的电阻网络,见图 2.7。但 Actel 的 LVDS 的 24 mA 驱动能力却刚好可以用来驱动变压器,只需去掉 2 个 165 Ω 和 1 个 140 Ω 电阻网络。

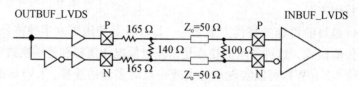

图 2.7 Actel FPGA 的 LVDS 驱动电路

Xilinx 公司的 FPGA 中有 2 种 LVDS 发送器接口,一种是 3.5 mA 的标准 LVDS 发送器接口,另一种是 BLVDS 发送器接口,其内部结构和 Actel 的 LVDS 一模一样,也是 2 个互补的 CMOS 驱动器。所以 Xilinx 的 FPGA 必须使用 BLVDS 接口才能实现变压器传输。注意 Xilinx 的 FPGA 并非每个 IO Bank 都有 BLVDS 接口,设计人员应仔细阅读所用芯片的数据书。最好是在进行 PCB 布线前对 FPGA 的 IO 端口设计进行布线检验,提早发现问题,以免管脚分配失误造成被动局面。

图 2.8 是我们设计的 LVDS 变压器传输电路,经实践验证此电路串联上千个采集站都能可靠执行数字通信任务。电路中的接收器是标准 LVDS 接收器,采集站中的发送器是 Actel FPGA 中的 LVDS 接口,电源站中的发送器是 Xilinx FPGA 中的 BLVDS 接口。

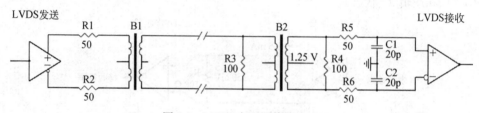

图 2.8 LVDS 变压器传输接法

图 2.8 中的 LVDS 或 BLVDS 收发电路的工作电压是 2.5 V。在接收端变压器次级的中心抽头需提供一个 1.25 V 的共模偏置电压,使 LVDS 接收器的输入端处于工作电压 2.5 V 的中间位置。通信变压器 B1 和 B2 采用相同的变压器。R1 和 R2 用来调节 LVDS 发送器驱动变压器的电流。R3 是传输线的端接电阻,与传输线的阻抗匹配,用以吸收传输线的反射信号。R4 起到图 2.6 中类似 R_T 的作用。R5,R6,C1,C2 组成共模滤波电路,滤除高频共模干扰。

上述电路实测发送端变压器初级上的信号幅度接近 2.5 V。地震仪采集站之间的线缆距离小于 50 m,信号在这样的距离上衰减很小,所以经变压器耦合后 LVDS 接收器两端得到的信号远大于 350 mV。

图 2.8 中 LVDS 发送端的两个限流电阻 R1+R2 等于 100 Ω,接口供电是 2.5 V。Actel 芯片提供 24 mA 驱动电流,算下来单个驱动器的功耗是 60 mW 。图 2.9 至图 2.13 分别是图 2.8 电路实测的发送端变压器初级,发送端变压器次级,经 25 m 传输线后接收端变压器初级和接收端变压器次级的波形。图 2.13 是用接收端的恢复时钟触发示波器 X 轴扫描,观察输入数据流得到的眼图。其传号频率是 32M,数据率是 16M,观察到的眼图张得很大,证明通信质量很好。

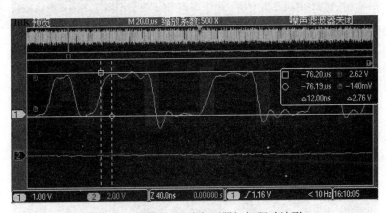

图 2.9　LVDS 发送端变压器初级驱动波形

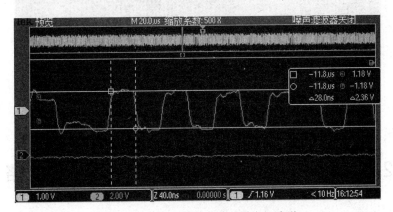

图 2.10　LVDS 发送端变压器次级波形

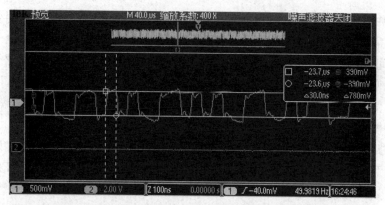

图 2.11 LVDS 经 25 m 电缆后接收端变压器初级波形

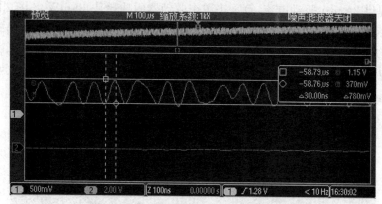

图 2.12 LVDS 接收端变压器次级波形

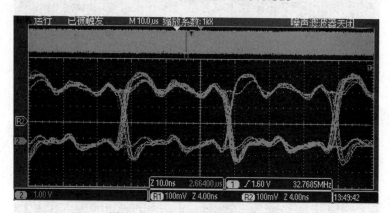

图 2.13 LVDS 接收端信号的眼图

2.5 测线数字通信的时钟/数据恢复电路

在基带传输中,发送端将代表数据的数字信号经码型转换后发送出去,被发送的脉冲数据流中除了包含数据信息外还包含同步时钟信息。接收端首先要从数据流中提取并恢复同步时钟,然后用恢复的时钟对输入数据脉冲进行采样,从而复原数据。执行此操作的电路称作时钟数据恢复电路(CDR)。执行时钟数据恢复的方法很多,但用得最多的还是锁相环方法(PLL)。常规的锁相环时钟数据恢复电路的原理框图如图 2.14 所示。图2.14 中的均衡器(Equalizer)是自动或软件设置的补偿高频的前置放大器,作用是提高输入信号前后沿陡度,以降低码间干扰。自适应阈值比较器(Slicer)能够检测输入信号的峰值并自动设置比较器的阈值(如峰值的 50% 或 60%),比较器将整形后数字信号送给锁相环(PLL)。锁相环从数据流中提取和恢复同步时钟,然后利用恢复的时钟对自适应阈值比较器的输出进行采样,最后得到恢复的数据。数据和时钟的恢复主要由锁相环完成,所以下面主要讨论锁相环。

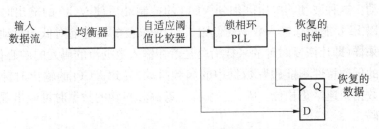

图 2.14 锁相环时钟数据恢复电路

1. 锁相环 PLL 的工作原理

锁相环通常由鉴相器(PD)、环路滤波器(LF)和压控振荡器(VCO)三部分组成。锁相环的种类很多,有模拟锁相环(APLL)、数字锁相环(DPLL)和数字延时线锁相环(DDLL)等等。模拟锁相环 APLL 中的压控振荡器 VCO 是模拟器件,其优点是恢复时钟的抖动最小,所以误码率最低。缺点是锁定时间最长,一般需要几十甚至几百个以上的时钟周期才能锁定输入信号。数字锁相环 DPLL 用数字振荡器代替模拟振荡器,省却了模拟器件,但是数字振荡器的频率必须比被跟踪的频率高好几倍(至少 8 倍),工作频率的提高增加了电路的功耗。延时线锁相环 DDLL 技术同样省去了模拟器件,利用一串数字延时线来产生比被跟踪频率高好几倍的采样脉冲,其效果和使用高倍振荡器一样,却不增加功耗。DDLL 锁定时间短,几乎立刻就能与数据同步(只需一个或几个时钟周期),但其恢复时钟的抖动比 APLL 大。在我们试验的数字地震仪中采用的是模拟锁相环 APLL,其原理框图见图 2.15。

图 2.15 模拟锁相环 APLL 工作原理

APLL 锁相环由鉴相器、低通滤波器(也叫环路滤波器)、压控振荡器(VCO)组成。其中除鉴相器是数字电路外,低通滤波器和压控振荡器都是模拟电路,所以称作 APLL。鉴相器被用来检测输入信号和 VCO 输出脉冲之间的相位差,鉴相器的输出是一个含有纹波的直流信号,其幅值反映两者相位差的大小。低通滤波器从鉴相器的输出中滤去高频噪音,得到比较平缓的直流电平去调节 VCO 的输出频率。压控振荡器 VCO 是一个输出频率可随控制电压大小而改变的振荡器,控制电压升高 VCO 输出频率也升高,反之 VCO 输出频率则降低。VCO 的输出被反馈到鉴相器的输入端,形成一个闭环控制回路,闭环的控制结果使 VCO 的输出脉冲与输入数据流信号锁定在一个固定相位上。换句话讲,PLL 进入锁定状态后将输出与数据流中的同步时钟一致的时钟频率,也就是恢复的时钟。我们利用这个恢复的时钟对输入数据逐位采样就可以获得恢复的数据。

如果输入数据流中的信号脉冲含有抖动(即脉冲的前后沿偏离应在的标准位置),鉴相器的输出就会有所反应,其输出的直流信号中就会出现与信号抖动的频率和幅度相关联的交流波动。这种波动的电压施加到 VCO 的控制端后使 VCO 的输出时钟频率也随之变化。所以 PLL 能跟踪输入数据的低频抖动,使恢复的时钟能对低频抖动的输入数据保持正确的采样(即让恢复时钟的采样沿总是落在输入数据流的码元的中心位置)。但是环路滤波器的低通特性不能跟踪数据中的高频抖动,导致 VCO 的输出时钟无法跟随高频率抖动的数据快速修正相位。因此在采样含有高频抖动的数据时可能出现因采样点偏移而出现误码。

图 2.16 是我们采集站设计中真实的 PLL 电路,由鉴相器、电流泵、低通滤波器和压控晶振 VCXO 组成。鉴相器比较输入数据流 Data_i 和 VCXO 输出 CLK_out 的相位,输出 UP 和 DOWN 两个信号。充电泵将 DOWN 和 UP 信号转换成加速和减速信号,控制对环路滤波器的充电或放电,经低通滤波器(C1,C2,R2)滤波后的输出电压使 VCXO 的输出频率 CLK_out 随之变化。CLK_out 就是从输入数据流恢复的同步时钟,利用 CLK_out 时钟对 Data_i 采样得到恢复的数据 Data_out。

图 2.16 中的鉴相器是 J.D.H. Alexander 提出的(IEE Electronics Letters,pp.541-542,1975),使用非常广泛。其优点是鉴相增益高,缺点是输出抖动较大,采样孔径误差会造成静态相位偏移。

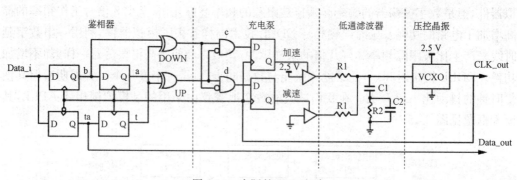

图 2.16   实际的 PLL 电路

鉴相器由 D 触发器 b,a,ta,t 和异或门 DOWN,UP 组成。DOWN=1 时表示时钟速度过高,需降速。UP=1 时表示时钟速度过低,需加速。

表 2.1 是鉴相器的真值表。注意表中出现 UP 和 DOWN 同时为 1 的情况,图 2.16 中

的与门 c 和 d 是为了消除 UP 和 DOWN 同为 1 而设置的。如果 UP 和 DOWN 同时为 1，与门 c 和 d 的输出都为 0，所以实际效果是对电容 C1 和 C2 的充电和放电都被禁止。充电泵输出的加速和减速信号分别驱动两个 3 态输出门组成的电流开关，给环路滤波器的电容充或放电，形成 VCXO 的控制电压。VCXO 跟踪 Data_i 中的时钟信号输出同步时钟，同时触发器 ta 输出恢复的数据。

a	t	b	UP	DOWN
0	0	0	0	0
0	0	1	0	1
0	1	0	1	1
0	1	1	1	1
1	0	0	0	1
1	0	1	1	1
1	1	0	0	1
1	1	1	0	0

电流泵的原理见图 2.17。其中的 PD 是鉴相器。当鉴相器输出"加速"信号 UP 时，K1 闭合（K2 断开），VDD 通过 R1 给 C1 和 C2 充电，于是 VCXO 输出频率升高。当鉴相器输出"减速"信号 DOWN 时，K2 闭合（K1 断开），C1，C2 通过 R1 放电，于是 VCXO 输出频率降低。

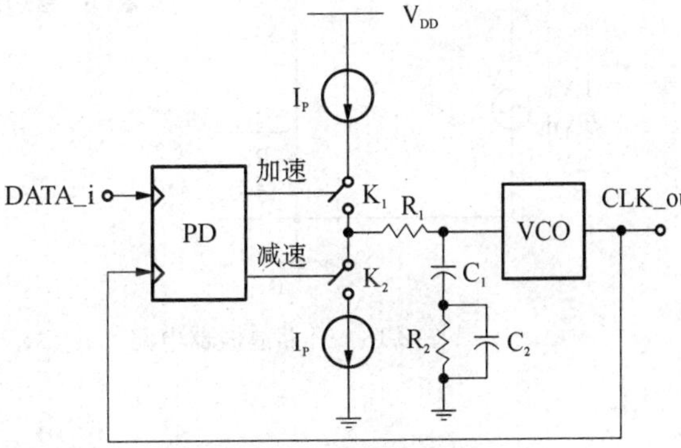

图 2.17 电流泵原理图

2. PLL 环路滤波器的设计

如前所述，PLL 中的环路滤波器带宽影响锁相环的性能。环路滤波器是一个低通滤波器，该滤波器的截止频率越高（时间常数越小），PLL 输出频率跟踪输入信号变化的速度越快（锁定越快），但恢复的时钟中包含的高频噪音和抖动也大，用此恢复时钟将数据转发给下级的抖动也大。相反，低通滤波器的截止频率越低（时间常数越大），PLL 跟随输入信号变化的速度越慢（锁定时间长，反应慢），但其输出时钟中的抖动也相应减小，转发数据时传递的抖动也小。但太窄的滤波器不利于恢复带有高频抖动的数据，所以在实际应用中应根据数字传输系统噪音干扰的实际情况折中考虑选择滤波器的带宽。在数字地震仪中的 PLL 只需要跟踪单一频率，对跟踪锁定的速度要求不高，而稳定和低噪音才是主要考虑因素，所以建议采用较窄的环路滤波器。另外为了降低 VCO 的固有噪音，PLL

Chapter 02 测线方向数字通信的技术方案选择 21

中应采用 VCXO(压控晶振)，VCXO 的低相位噪音特性可以获得更低的抖动输出。

　　PLL 本身是一个负反馈系统，为了保证系统的稳定，应该使整个反馈回路总的相位滞后小于180°。因为鉴相器和 VCO 两部分已经产生 90°的相位滞后，如果把环路滤波器的相位滞后控制在 40°～50°，那么整个反馈回路还有 50°～40°的相位裕量，就能保持 PLL 电路的稳定。通常 PLL 的环路滤波器都采用滞后超前滤波器，其特点是在幅频特性曲线上，开始时呈现相位滞后，而后又出现相位返回。

　　图 2.18 是实际使用的环路滤波器参数，旁注几个关键频点的计算公式。图 2.19 是其波特图(用 Cadence 的 PSpise 软件仿真获得)，图 2.19 的中的 Y 轴是归一化的坐标轴，其数值既表示振幅的 dB 值，也是相位角的量值。该滤波器−3 dB 衰减点在 f_C(29 Hz)。在 f_L(295 Hz)～f_H(3.55 kHz)有一个平坦段，在 f_m(1.02 kHz)附近有近 30 度的相位返回。f_H/f_L 越大，即 f_H 和 f_L 之间的间隔越宽，相位返回量越大。该相位返回提供了相位裕量，改善了 PLL 的稳定性。M 是滤波器平坦部分(f_L～f_H)的衰减量，在此例中是−20 dB。可选择适当的 R1 和 R2 的比值设计 M。

　　有关 PLL 环路滤波器的论述很多，读者可以参考《锁相环(PLL)电路设计与应用》[日]远坂俊昭中的详细介绍。

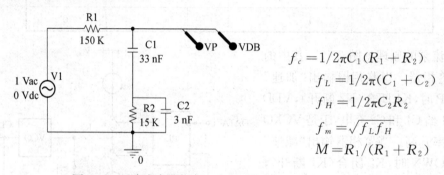

$$f_c = 1/2\pi C_1(R_1 + R_2)$$
$$f_L = 1/2\pi(C_1 + C_2)$$
$$f_H = 1/2\pi C_2 R_2$$
$$f_m = \sqrt{f_L f_H}$$
$$M = R_1/(R_1 + R_2)$$

图 2.18　环路滤波器电路

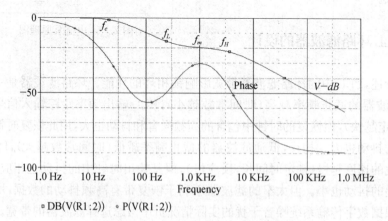

□ DB(V(R1:2))　　∘ P(V(R1:2))

图 2.19　上述滤波器的传输特性

3 Chapter 03
测线通信误码原因和消除方法

地震仪数字通信对误码率的最低要求是小于 10^{-12}，相当于以 16 Mbps 的速率传输数据时 17 个小时不出一个错。确保地震测线上几千个采集站之间的可靠通信是有线遥测数字地震仪的技术关键，也是最大难点。在地震测线上的每个采集站实际都是一个中继站，要负责转发命令和数据。如果直接利用恢复的时钟来转发数据，当串联的站点超过一定数量就开始出现误码，而且误码随着串接站点数量的增加急剧上升，最后导致通信完全崩溃。那么误码是如何产生的呢？

3.1　测线方向通信误码的主要原因

根据大量的试验和观察分析，导致通信出错的主要原因是信号抖动。造成数字信号抖动的原因很多，如电源的开关噪音、器件的热噪音、码间干扰、周边环境对传输线的干扰，传输线之间的串扰等。这些干扰会使数字脉冲波形的前后沿位置发生偏移，也就是产生了抖动。但是我们发现，有线数字地震仪中用来传输数字信号的 4 芯电缆是测线方向上产生信号抖动的主要原因。在常规 CAT5 的 8 芯线缆中的每一对平衡线都以较小的节距绞合，而且不同线对的绞合节距也不同，然后再将将 4 个对线再次绞合，所以各平衡线对之间具有较好的抗串扰性能。而 Sercel 的标准 4 芯线缆是将全部 4 根导线一起按较大的节距绞扭，然后取对角的 2 个线对分别组成两对通信线，这两对通信线分别承担相反两个方向的数据传输任务。当两对通信线都在跑数据时，数字脉冲信号会因线间分布电容的耦合互相串扰。由于这种电缆的性能比 CAT5 差许多，线间的串扰更严重，而且这种串扰并非都表现为共模干扰，其中的差模分量会使数字信号的脉冲发生畸变，最终造成了信号的抖动。实验证明如果只使用其中一对传输线传递数据（另一对不用），误码的几率立即大幅度下降。

在数字地震仪中，测线上的数据传输是由采集站和电源站接收和转发的。如果每个电源站和采集站都直接用从输入数据流中恢复的时钟来转发数据，这就不可避免地将输入数据中的抖动逐级传递下去。每个站点在继承前一个站点抖动的同时又增加了本站的抖动贡献。这样信号的抖动被逐级累积和放大，串联的站点越多信号抖动越严重。当串接的站点到达一定数量时，远端站点时钟数据恢复电路（CDR）的 VCO 就无法再跟踪和锁定输入数据，最后导致 PLL 完全失控，通信崩溃。所以我们下面花点篇幅讨论抖动和抑制抖动的方法。

3.2　抖动的定义

所谓抖动是指数字信号或时钟脉冲的前后沿偏离了它们应该出现的理想位置。抖动有 2 个衡量指标，一是幅度，二是频率。抖动的幅度用 UI(Unit Intervals)描述。UI 是数据传输率的 1 个 bit(即码元)所占据的时间宽度。如 16.384 Mbit/s 的数据传输率,一个 UI＝61.035 ns。如果抖动幅度是 0.1 UI,那么其脉冲边沿偏离正常位置 6.1 ns。抖动幅度是用峰值而不是均方根值(RMS)度量的,因为一个数据位的出错都是峰值抖动造成的。

抖动摆幅的大小会呈现周期性变化,这种周期性变化被称作抖动的频率。一般把低于 10 Hz 的摆动称作漂移(wander),高于 10 Hz 的摆动称作抖动(jitter)。图 3.1 和图 3.2 可以说明抖动的幅度和频率这两个参数的关系。

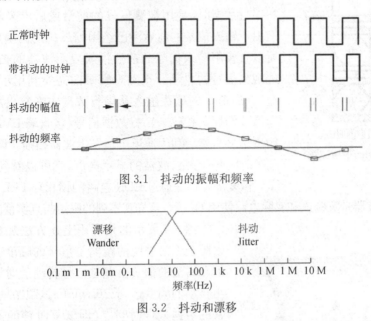

图 3.1　抖动的振幅和频率

图 3.2　抖动和漂移

3.3　抖动的测量和眼图

抖动可以用相邻周期抖动(cycle-to-cycle jitter)来描述,该参数反映了相邻两个时钟或数据周期的宽度变化大小。也可以用周期性抖动(Period jitter)来描述,也就是实时测量时钟或数据的每一个周期的宽度,求出其周期宽度的变化规律(如最大值和最小值以及变化频率等)。第 3 种方法是用时间间隔误差(timer interval error,TIE)来描述抖动,TIE 是指时钟或数据的每个边沿与其理想位置的偏差。

观察 TIE 的常用方法是眼图,眼图可以对通信质量进行快速的定性分析。图 3.3 说明是眼图是如何形成的(图片来自网络),眼图显示的实际是一个 bit 的时钟或数据脉冲重复扫描叠加形成的图形。

眼图的"眼睛"张开的大小反映码间串扰的强弱。"眼睛"张得越大,且眼图越端正,表示码间干扰越小;反之表示码间干扰越大。当存在噪声时,噪声将叠加在信号上,观察

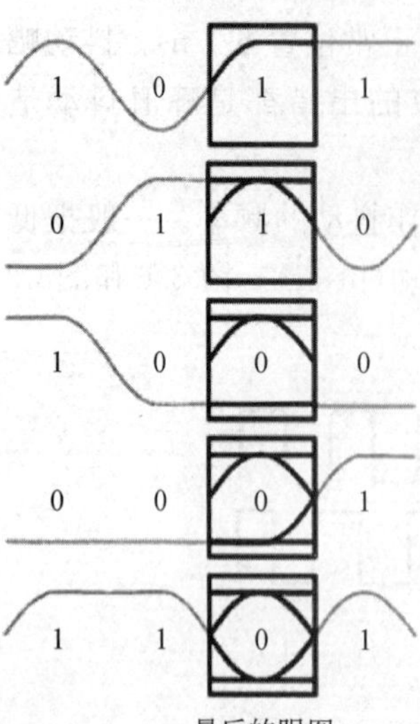

示波器捕获窗口

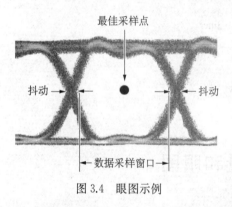

图 3.3　眼图的形成原理

到的眼图的边框会变得模糊不清。若同时存在码间干扰，"眼睛"将张开得更小。与无码间干扰时的眼图相比，原来清晰端正的细线迹，变成了比较模糊的带状线，而且不太端正。所以眼图展示了数字信号传输系统的很多有用信息：可以从中看出码间干扰的大小和噪声的强弱，有助于直观地了解码间串扰和噪声的影响，评价一个基带系统的性能优劣与否。

测量抖动必须知道脉冲的理想位置。用普通示波器观察串行数据时，是用被测信号的前沿或后沿来触发扫描的。但由于输入信号的前后沿已经因信号抖动而偏离理想位置，所以直接用输入信号的前后沿触发示波器的扫描不能正确地观察信号的抖动。正确观察眼图需要利用示波器的 2 个通道：通道 1 的探头输入从串行数据中恢复出的同步时钟，通道 2 的探头接输入串行数据信号（接收端 LVDS 接收器的输出信号），然后利用通道 1 触发示波器扫描。调节示波器的余晖时间并开大示波器的显示亮度，就可以看到满意的眼图了。恢复的时钟是通过 CDR 电路的锁相环 PLL 得到的，PLL 中的低通滤波器带宽应该和实际电路使用的一致，这样观察到的眼图与真实情况接近。

图 3.4 展示的是利用上述方法观察到的眼图。眼图上下沿之间的距离是信号的幅度变化，眼图左沿和右沿的信号占宽是信号抖动的时域幅度变化，当抖动的幅度达到 ±0.5 UI 时，眼睛就会闭合。正常的数据采样时间点（即恢复时钟的前沿或后沿）和数据判决的阈值应落在眼睛的中心位置。眼睛睁得越大，采样数据的可靠性越高，因为这时采样的数据不是 0 就是 1。反之如果抖动很大，眼睛睁得越小或干脆闭合，采样的结果就不确定，就会出现误码。

图 3.4　眼图示例

我们用图 2.8 中的 LVDS 收发电路和 Sercel 的（ST＋）4 芯电缆，以 16.384 Mbps 数据速率传输差分曼彻斯特编码数字信号，发送端没有预加重，接收端也没有均衡器，观察 25 m 距离之间 2 个站点数据传输的眼图。

图 3.5 中上方通道 1 的波形是用图 2.16 的 CDR 电路得到的恢复时钟，下方通道 2 的波形是 LVDS 接收器输出的单极性数据信号。用通道 1 的恢复时钟触发示波器的扫描，屏幕下半部分就是观察到的眼图。从图中可以看到上半部的恢复时钟已经出现明显的抖动（脉冲线迹变宽了）。而下半部的眼图左右两侧边缘也明显变宽，这说明仅仅两个站点之间的数字传输信号就已经出现了抖动。如果直接用上面的恢复时钟转发数据，随着串联站点数量的增加信号抖动必然被传播和累积放大，最终出现眼图闭合导致通信彻底失败。所以如果不抑制这种节点和节点之间的信号抖动，串联大量节点测线上的数字通信根本就无法维持。

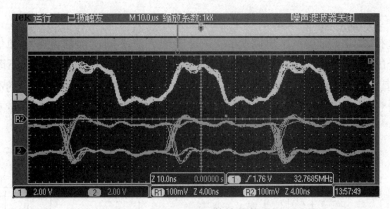

图 3.5　LVDS 25 m 传输线的眼图

从另一方面看，图 3.5 中尽管已经出现信号抖动，但 2 个采集站之间的眼图质量还是不错的，通道 2 中的数据脉冲没有出现严重的拖尾，眼图端正，眼睛中间有足够的宽度。通道 1 的恢复时钟的下降沿（锁相环中的数据采样沿）刚好落在眼睛中央，数据恢复肯定不会发生码间干扰。我们在 25 m 和 50 m 距离上，用误码仪监测两个站点之间的通信从没有出现过误码。所以如果能够始终保持测线上每两个 2 采集站之间的通信质量都达到图 3.5 所示的水平，那么就可以确保无论串联多少采集站点也不会出现通信错误。这一点已经得到实验证明。

3.4　抖动的抑制方法

如何有效地抑制数字信号在传输过程中产生的抖动是保证数字地震仪通信可靠的关键。除了应根据信道的传输带宽特性选择合适的码元传输速率外，常用的抑制抖动方法有以下这些。

1. 预加重或去加重消除码间干扰

数字信号在传输过程中，传输线表现为低通滤波器特性，信号的高频成分衰减大，低频成分衰减小。所以当数字信号的码元脉冲在传输线中传送时，会因信号高频分量的衰减而使脉冲信号的波形发生畸变。表现为脉冲的上升沿和下降沿发生延迟，码元被展宽和拖尾。如果前一码元的拖尾到后一码元的采样时间点时还没回归到 0，就会产生码间干扰。码间干扰严重时就会造成错误判决，导致数据恢复出错。消除码间干扰有以下措施。

（1）在发送端做预加重或去加重处理

预加重技术就是在传输线的发送端增强信号的高频成分，以补偿高频分量将在传输过程中的损失。信号的高频分量主要出现在信号电平变化快的上升沿和下降沿，预加重就是增强信号上升沿和下降沿处的幅度。如图 3.6 所示的 01110101 的码元序列，每个跳变沿都加大了幅度,以提升发送信号里的高频分量。

去加重技术和预加重技术思路类似,只是实现方法不同。预加重是增加信号上升沿和下降沿处的幅度,其他地方幅度不变。而去加重则是保持信号上升沿和下降沿处的幅度不变,将其他区域的信号减弱,如图 3.7 所示。去加重的结果是发送信号的高频分量不变但低频分量减小,使得改变后的信号经过传输线的高频衰减之后,低频分量和高频分量能够平衡。

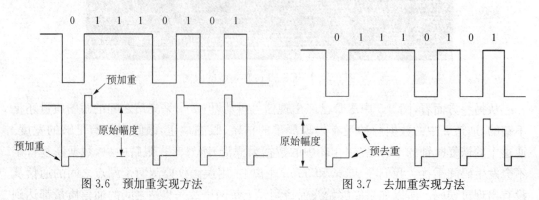

图 3.6　预加重实现方法　　　　　图 3.7　去加重实现方法

图 3.6 和 3.7 中所示的码序中码元脉冲宽窄不等,其预加重和去加重的处理比较麻烦,而 HDB3 编码方法使预加重或去加重更容易实现。因为 HDB3 的传号码值等于 1 时就出现一个独立的脉冲波形,即使是码序中出现连续的 1,输出的也是一系列极性交替的独立脉冲。所以只需设计单个预加重的脉冲波形的形状,用高速 D/A 转换器输出就可以实现,如图 3.8 所示。HDB3 通信接口电路可以针对不同长度的传输电缆的衰减特性设计不同形状的脉冲波形模版,以便精准地补偿不同长度传输电缆的高频损耗。

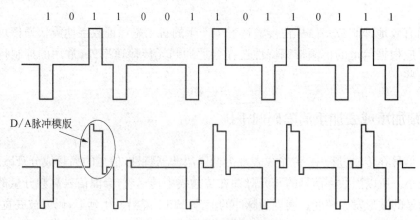

图 3.8　HDB3 的预加重处理

法国 SN428 地震仪中的预加重的数字信号脉冲就是用高速 D/A 转换器生成的。图 3.9 是 SN428 测线方向上的实际信号波形,可以明显看出预加重的效果。

预加重和去加重这两种方法因为涉及模拟电路以及高速 D/A 转换电路,无法简单实现,国内的地震仪开发者暂时无法采用这两种技术方案。

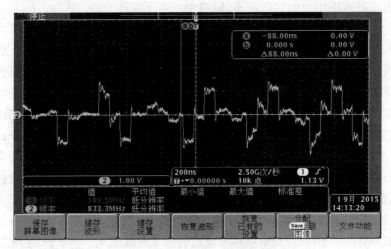

图 3.9　SN428 测线上的码元脉冲波形

（2）在接收端加均衡器

前面已经提到，均衡器是在传输系统的接收端采用的一种改善接收信号质量的技术。均衡器对接收到的码元信号进行频率补偿，一般是提高其高频分量，以加快波形翻转速度，改善波形的形状，减少误判的机会。

传输线相当于一个低通滤波器，会衰减信号中的高频分量。均衡器和传输线的电路特性刚好相反，相当于一个高通滤波器，提升信号中的高频分量。在传输线的终端设置均衡器可以补偿信号中的高频损失，最后得到平衡的系统响应，其原理如图 3.10。

实际上使用的均衡器通常是一个高通滤波器，图 3.11 就是一个简单的均衡器。

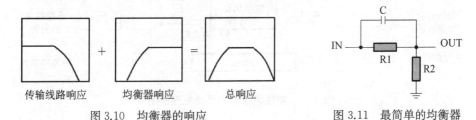

图 3.10　均衡器的响应　　　　　　图 3.11　最简单的均衡器

在信号发送端对信号做预加重和去加重处理，在接收端对信号做均衡处理，可以提高信号的前后沿陡度，从而抑制码间干扰达到减小抖动的目的。

2. 采用弹性缓冲存储器 FIFO 吸收抖动

弹性缓冲存储器的作用就好像在一个时快时慢、流量不稳的水源下放置一个储水桶。桶的底部开一个出水口以恒定的速度出水。这种方法的特点是：首先必须等待储水桶储满足够的水量后才能开始放水，所以信号的输出会发生延时。此外水桶放水的速度既不能太快，否则会放空而断流（下溢）；也不能太慢，否则水桶中的水会溢出（上溢），两者都会造成数据丢失。所以水桶放水的速度应保持在水桶进水的平均速度上。如果进水流量变化太大,出水的速度也要做相应调整,以避免发生下溢和上溢。

图 3.12 是这类去抖动电路的一个实例。输入数据的正常传输率是 2.048 Mbps,WCLK 是从信号中提取的恢复时钟,用该时钟将接收到的数据写进 FIFO。因为输入数据有抖动,所以得到的 WCLK 也是抖动的。RCLK 是从 8.192 MHz 本地晶振分频得到的 2.048 MHz 时钟,用来读取 FIFO 中的数据并转发出去。因为本地晶振的频率是稳定的,所以用 RCLK 转发的数据就消除了抖动。这里的 FIFO 起到了缓冲的作用,也就是起了储水桶的作用。浅深度的 FIFO 可以吸收幅度比较小的抖动,大深度的 FIFO 用于吸收幅度比较大的抖动。当输入抖动幅度太大,FIFO 内部的读、写指针有可能发生相交导致发生上溢或下溢。这时控制电路必须根据 FIFO 的读、写指针之间的相对位置的变化调节晶体振荡器的输出。方法是改变晶振的负载电容(在芯片内部提供一组大小不等的电容),使晶振的输出在输入数据的平均频率附近调整(在抖动幅度不大时,平均频率应该保持在 2.048 MHz)。例如控制电路将本地时钟除 3.5 或除 4.5 生成新的 RCLK,来防止发生上溢或下溢,此方案可以吸收振幅很大的抖动。FIFO 弹性缓冲存储器的去抖动功能是非常有效的。但其去抖动后的发送时钟并非一恒定值,不符合地震仪要求整条测线的时钟稳定一致的技术要求。

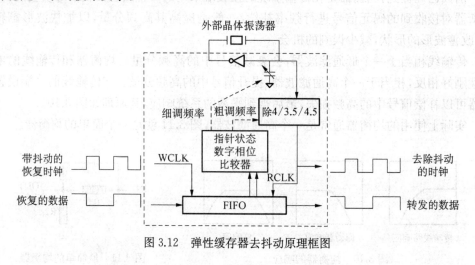

图 3.12 弹性缓存器去抖动原理框图

3. 用晶体滤波器衰减恢复时钟中的抖动

图 3.13(图片来自网络)示意抖动对一个方波信号频谱的影响。我们知道,一个占空比为 50% 的方波是由基波(f_0)及其奇次谐波($3f_0,5f_0,7f_0,\cdots$)组成的,在图 3.13 中用带箭头的竖线表示。如果信号中没有抖动干扰,该方波的频谱仅仅由所有带箭头的竖线组成。当信号有抖动时,其基波和高次谐波的竖线都出现了旁瓣。实际的方波频谱还会含有小幅度的偶次谐波($2f_0,4f_0,6f_0,\cdots$),但占空比越接近 50%,偶次谐波的分量越小。其中基波 f_0 的旁瓣就是信号中含有抖动的表象,而高次谐波 nf_0 的旁瓣是导致波形失真的主要原因(Jitter Analysis,James Jaw,2007.7.25)。由此可见,如果我们能将基波 f_0 的旁瓣滤除也就抑制了信号中的抖动。

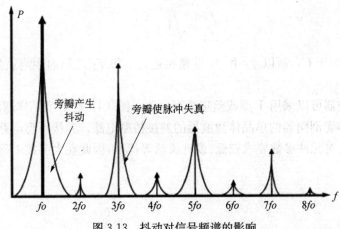

图 3.13　抖动对信号频谱的影响

根据上述分析可以用石英晶体滤波器对恢复的时钟信号进行滤波,以衰减和抑制信号中的抖动。石英晶体滤波器有很高的品质因数(其 Q 值可达十几万),带宽可达中心频率的 0.005％以内,所以石英晶体滤波器具有理想的陡峭阻带衰减特性,一般阻带衰减都达到 60 dB 以上,有的甚至达到 90 dB 以上。其插入损耗一般均都小于 5 dB,幅频特性具有非常高的温度稳定性,所以常被用作通频带小于中心频率 0.4％,中心频率小于 150 MHz 的窄带滤波器,被广泛应用于通信、导航、测量等电子设备中。

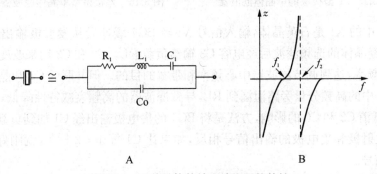

图 3.14　石英晶体等效电路和阻抗特性

图 3.14 是石英晶体滤波器的等效电路和阻抗特性图。其中,
L_1:晶体谐振器的动态电感,一般几十毫亨;
C_1:晶体谐振器的动态电容,一般从 0.01 到 0.1 皮法;
R_1:晶体谐振器的动态电阻,一般从几欧到几十欧;
C_0:晶体支架和电极间的寄生电容。一般从几到几十皮法。
其串联谐振频率 f_1 和并联谐振频率 f_2 用以下公式计算:

$$f_1 = \frac{1}{2\pi\sqrt{L_1 C_1}} \tag{1}$$

$$f_2 = \frac{1}{2\pi\sqrt{L_1 \dfrac{C_0 C_1}{C_0 + C_1}}} \tag{2}$$

$$\frac{f_2}{f_1} = \sqrt{1 + \frac{C_1}{C_0}} \tag{3}$$

因为 C_0 远大于 C_1，所以 f_1 和 f_2 非常接近，f_1 和 f_2 之间的距离就是通频带，也就是 Q 值。

单晶体滤波器可以采用 T 型或差接桥型电路。图 3.15 是 T 型晶体滤波器的接法，图 3.16 是采用晶体管倒向器的单晶体滤波器的差接桥型电路。差接桥型电路具有插入损耗小、带内波动小、对元件参数要求较低、设计灵活等优点，因此在大多数工程设计中通常都采用这种电路。

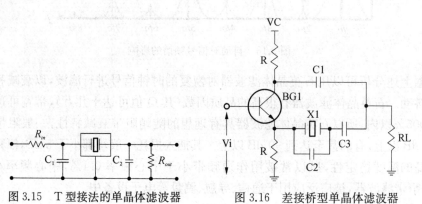

图 3.15   T 型接法的单晶体滤波器   图 3.16   差接桥型单晶体滤波器

图 3.16 中的 X1 是石英晶体，输入信号 Vi 经 BG1 缓冲后从发射极输出给晶体滤波器 X1，信号经晶体的选频滤波后经电容 C3 输给负载 RL。C3 和 C2 用来改变晶体的串联和并联谐振频率，达到调节滤波器中心频率和带宽的目的。但并联的 C2 和晶体寄生电容 C0 会使信号中的高频分量旁路泄漏到 RL，导致滤波器的高频衰减特性降低，所以要增加一个 C1 来抵消 C2 和 C0 的影响，方法是将 BG1 的集电极输出经 C1 加到负载 RL 上。因为 BG1 的发射极和集电极的输出信号相反，如果让 C1 等于 C2＋C0，就刚好抵消 C2 和 C0 泄漏的信号。

如果晶体 X1 的频率非常准确，可以省略 C2 和 C3，只需直接调节 C1（一般小于 10 pF），使其等于 C0 就可以了，见图 3.17。在 FPGA 中可以采用图 3.18 来实现。

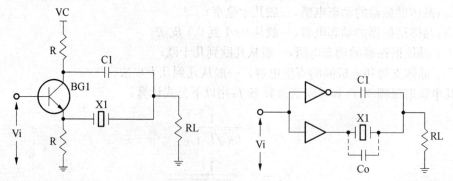

图 3.17   简化的晶体管差接桥型单晶体滤波器   图 3.18   用 FPGA 实现差接桥型单晶体滤波器

晶体滤波器方案的优点是电路简单,成本低,可用于数量特别大的采集站中。法国 SN428 地震仪中在每个采集站和电源站中都使用 2 个石英晶体滤波器,对双向传输的数字信号的恢复时钟做滤波处理,可以有效抑制 PLL 输出的恢复时钟信号基频的旁瓣,即衰减了抖动。

用于数字地震仪的石英晶体滤波器应该选择串联谐振频率相对误差小于±5 ppm,Q 值高于 18 万,性能较高的单晶体滤波器。

4. 用双 PLL 衰减恢复时钟的抖动

前面介绍,时钟数据恢复电路中利用锁相环(PLL)来获得恢复的时钟。如果 PLL 环路滤波器的带宽选得很窄可以有效抑制恢复时钟的抖动,但是却不利于恢复带高频抖动的数据,会发生误码。所以为了正确地采样抖动频率较高的输入数据,PLL 环路滤波器必须有足够的带宽。但增加滤波器的带宽会不可避免地加大 VCO 输出恢复时钟的抖动,如果直接利用此时钟将恢复的数据再转发出去,就会把恢复时钟中的抖动直接传递给下一个站点。双 PLL 衰减抖动的方法就是在单石英晶体滤波器后面再增加一个窄带的 PLL 来进一步滤除恢复时钟中的抖动(见图 3.19)。

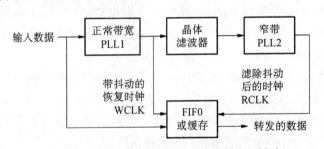

图 3.19　用第 2 个窄带 PLL 滤除时钟中的抖动

双 PLL 去抖动的原理如下,先用具有足够带宽的 PLL1 获得恢复时钟 WCLK,并利用 WCLK 把恢复的数据写进一个 FIFO,同时将恢复时钟 WCLK 经晶体滤波器抑制抖动后送给第二级 PLL2。PLL2 的环路滤波器的带宽设计得很窄,所以其 VCO 的输出频率 RCLK 变化很小,始终维持在输入时钟 WCLK 的平均频率上,从而进一步抑制了 WCLK 中的抖动。然后再用 RCLK 读出 FIFO 中缓冲的数据并转发出去。如前所述,FIFO 起到消除抖动的缓冲存储器作用。因为采集站受空间的限制不能采用双 PLL 去抖动技术,所以只在电源站中采用。法国 Sercel 的 SN428 地震仪的电源站中就是采用了上述的晶体滤波器和双 PLL 两项技术来消除测线数字通信中的信号抖动,实现了仅在交叉站中用一个 16.384 MHz 温控晶振就给整条地震测线中的几千个采集站提供了稳定统一的工作时钟,实现了高可靠性数字通信和高精度采样的目的。

双 PLL 方法中 PLL1 和 PLL2 应该都采用晶体压控振荡器 VCXO。VCXO 的固有相位噪音(即抖动)很小,而且温度稳定性很好,用 VCXO 的 PLL 可以获得更好的时钟。

5. 用独立晶振转发恢复的数据

在每个站点都用一个独立时钟来转发数据,从而彻底地截断前级站点输出信号中的抖动,完全消除抖动在数据传输链中的传播和累积。具体措施是在每个站点都配置一个高精度的温补晶振 TCXO(小于±2 ppm)用于转发数据。

独立晶振方案成本低,而且简单可靠。其缺点是各独立晶振的时钟频率总是存在一定的误差,所以每个站点发送的数据帧的长短快慢会有极小的差异,相邻采集站的数据帧在传输过程中会因快慢不一(即数据帧长短不一)而发生上溢或下溢。解决方法是在每个数据帧中牺牲几个位码元用作弹性缓冲器,该弹性缓冲器可消融各站点之间因晶振频率微小差异而造成的数据帧传输长短不一的影响,确保数据传输可靠进行。此方案引发的疑问是:由于每个站点都采用独立的晶振,各采集站的采样率会出现多大误差? 每个采集站输出的帧长度会有多大误差? 帧长度的差异在信号传输过程中是否会造成误码?

分析如下:如果每个采集站都采用精度为±2 ppm,带温度补偿的 16.384 MHz 的温控晶振(TCXO)做发送时钟和控制 A/D 转换。6 秒记录长度产生的相位误差只有±12 μs。16.384 Mbps 数据传输率时每个帧(128 位数据)的长度为 7.8 μs,±2 ppm 的频率误差造成的帧长度误差仅为±16 ns,小于一个数据位的时间(61 ns@16 Mbps 数据率时)。所以如果我们在数据帧中留出几个码元来缓冲数据帧长度的变化,就不会造成误码,这几个码元的作用相当于一个弹性缓冲器。

此方案只需增加一个温补晶振,就达到了完全消除抖动的目的,具有简单易行、成本低的优点。目前温补晶振的稳定性指标已经很容易做到在 −40℃～80℃ 范围内小于±2 ppm(最高可达±0.5 ppm),价格也能接受。实践证明实施此方案的测线数字通信非常稳定,试验串接 1 000 多个采集站都不会出现误码。

表 3.1 是对一批±2 ppm 的 16.384 MHz 的 TCXO 的常温下(22℃)的测试结果。从表 3.1 中可以看出,只有 10% 的晶体振荡器的误差超出±2 ppm。大部分符合要求,实际应用时在产品焊接安装前做一次测试筛选,剔除不合格部件。

独立晶振方案在短时间采样时采样误差也在允许范围之内,例如采集 10 秒数据 ADC 采样的最大相位误差是±20 μs。此方案缺点是,如果长时间采样,晶振频率的误差积累会造成较大的采样相位误差。这可以通过在电源站中配置 GPS 时钟驯服晶振,定期给采集站发送同步信号来解决。

表 3.1 样品 TCXO 的测量结果

序号	测量结果	误差(ppm)	序号	测量结果	误差(ppm)
1	16.384 012 8	+0.78	4	16.383 996 8	−0.20
2	16.383 995 3	−0.29	5	16.383 999 0	−0.06
3	16.384 003 9	+0.24	6	16.383 982 0	−1.1

序号	测量结果	误差（ppm）	序号	测量结果	误差（ppm）
7	16.383 991 6	−0.51	16	16.383 982 5	−1.07
8	16.383 985 7	−0.87	17	16.383 957 5	−2.59
9	16.383 986 0	−0.85	18	16.383 975 2	−1.51
10	16.383 994 0	−0.37	19	16.383 984 5	−0.95
11	16.383 974 5	−1.56	20	16.383 984 5	−0.95
12	16.383 984 8	−0.82	21	16.383 987 9	−0.74
13	16.383 986 5	−0.82	22	16.383 984 0	−0.98
14	16.383 957 8	−2.56	23	16.383 983 7	−0.98
15	16.383 982 5	−1.07	24	16.383 975 2	−1.51

4 Chapter 04
数字地震仪的精确时间同步要求

数字地震仪要求分布在数十平方千米的几万个采集站在中央站统一的指令下同步启动 AD 转换，其时间误差要求小于 ±20 μs。

数字地震仪网络中存在两种延时。第一种是中央站命令在交叉线方向（以太网）中各节点（交叉站）之间的传输延时，而且这种延时因网络通信的繁忙程度而变化，其量级在几十微秒到十几个毫秒之间变化。第二种是命令在地震测线方向上传播的延时。因为命令在经采集站和电源站转发时都会产生一定的延时，如每个采集站产生 7.8 μs 的时延，与交叉站连接的测线上第 1 个采集站和第 1 000 个采集站之间接收到命令的时间延迟就能达到 7.8 ms，远远超出 ±20 μs 的误差要求。所以如何消除上述的两种延时，实现精确的时间同步是研制数字地震仪的一项关键任务。

4.1 以太网上的精确时间同步方法

数字地震仪网络在交叉线方向上实际上就是一个以太网，其拓扑结构是将中央站与所有交叉站以串联的方法连接在一起。每个交叉站至少有 2 个网络端口，通过线缆或光纤就可以相互串联在一起。由于以太网自身的 CSMA/CD 机制、OSI 多层协议之间的数据传输延时等因素影响，以太网上数据包的传输有少则几十微秒多则十几个毫秒的延时并具有随机性。图 4.1 展示了常规以太网中 2 个节点之间报文传输时产生的延时及其量级。

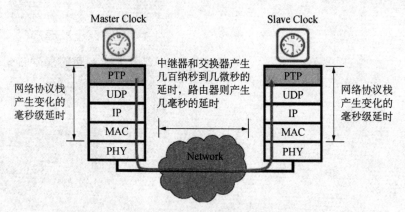

图 4.1　以太网中 2 个节点报文传输中的延时

解决交叉线以太网的时间同步方案有两个：GPS 授时和 IEEE 1588 协议。GPS 授时法是在中央站和交叉站中都配置 GPS，并利用 GPS 授时信号校准每个站点的本地时钟。每个交叉站里的 GPS 模块根据卫星发送的时间信息或误差小于 100 ns 的秒脉冲将各个站点时钟校准成统一时间（绝对时间）。中央站提前给所有交叉站发送一条预约同步命令，各交叉站在预约时间点到达时给所有测线发送同步命令。GPS 授时的优点是简单易行，缺点是在某些不利地形或有树木遮挡时可能无法接收到 GPS 信号。

IEEE 1588 协议（也被称作精确时间协议 Precision Time Protocol，PTP）则是一种使用软件协议的方法使中央站和其他站的时钟保持一致，其控制的同步精度可小于 $1~\mu s$。IEEE 1588 方案也是在中央站和每个交叉站中都设置一个时钟，然后以中央站时钟为标准，让每个交叉站的时钟与中央站不断地对时校准，获得一致的时间刻度。然后由中央站提前发送一条预约定时命令，让每个交叉站在预约的时间点到达时立即给测线发送 A/D 启动采集命令，就可以实现所有交叉站的同步要求。下面是 Freescale 公司关于执行 1588 精确时间同步的说明。

IEEE 1588 协议规定在一个网络中只能有一个主时钟，其他节点的时钟都是从时钟。初始主时钟和从时钟是不同步的（例如 128 s 和 111 s）。IEEE 1588 实现主/从时钟同步的步骤如下。

（1）第 1 步　主时钟给从时钟发送同步报文

图 4.2 中主/从时钟初始偏差是 17 s。主时钟在 Tm1(128.5 s)发送同步报文，假设传输延时是 0.25 s，从时钟在 Ts1(111.75 s)接收到报文。两者之差等于：

$$Offset = Ts1 - Tm1 - Delay \quad （Delay 暂时不知道，先定为 0）$$
$$= 111.75 - 128.5 - 0 = -16.75$$

从时钟于调整自己的时钟：

$$Ts = Ts1 - (-16.75) = 128.5$$

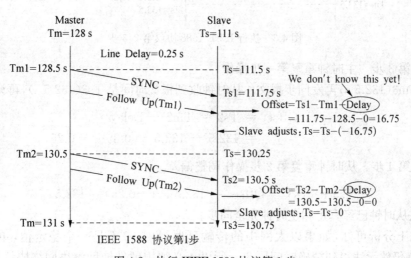

IEEE 1588 协议第 1 步

图 4.2　执行 IEEE 1588 协议第 1 步

但实际上此时刻主时钟实际已经是 128.75 s，从时钟慢了 0.25 s。该误差是因网络传播延时造成的。

主时钟在 2 秒后的 Tm2(130.5 s)再次发送同步报文（从时钟此刻是 130.25 s）。由于传输时间花掉 0.25 s，从时钟接收到报文的时间是 Ts2(130.5 s)，从时钟再次调整：

$$Offset = Ts2 - Tm2 - Delay（Delay 暂时不知道，仍定为 0）$$
$$= 130.5 - 130.5 - 0 = 0$$

从时钟于调整自己的时钟：

$$Ts = Ts2 - Offset = Ts2 - 0 = 130.5$$

这一次两者的差等于 0。但实际上从时钟比主时钟滞后 0.25 s(等于传输延时)。

(2) 第 2 步　消除传播延时误差

见图 4.3，从时钟在 Ts3(130.75 s)给主时钟发送延时请求(主时钟此时是 131 s)，主时钟在 Tm3(131.25 s)收到报文后立即响应发送应答报文。从时钟收到应答报文后，做以下计算：

$$Delay = (Tm3 - Ts3)/2$$
$$= (131.25 - 130.75)/2 = 0.25$$

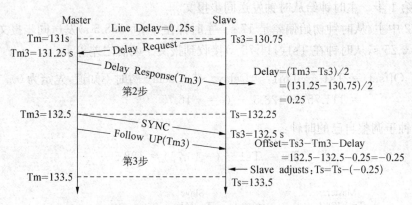

图 4.3　执行 IEEE 1588 协议第 2、3 步

(3) 第 3 步　主时钟重复第一步操作

在 Tm3(132.5 s)再发同步报文。从时钟收到报文时间是 Ts3(132.5 s)，再计算偏差：

$$Offset = Ts2 = Tm2 - Delay$$
$$= 132.5 - 132.5 - 0.25 = -0.25$$

(4) 第 4 步　从时钟重复第 2 步操作调整偏差

$$Ts3 = Ts3 - Offset = 132.5 - (-0.25) = 132.5$$

现在从时钟已经真正和主时钟完全同步。

从以上分析可知，如果以太网中的传输延时(Delay)不是一个稳定值，单靠 IEEE 1588 协议仍然无法得到精确时间同步。所以还必须用硬件辅助解决网络协议栈和以太网中交换器、路由器产生的延时不稳定问题。

解决延时不稳定的最好办法是把上述延时本身降低到极小的数量级(例如小于 1 μs)。图 4.4 展示的方法是在靠近物理层的地方生成时间戳，由此减小协议层之间的通信延时。

图 4.5 展示的是减小交换机或路由器的延时时间。方法是在交换机或路由器中设置边界时钟。所谓边界时钟实际是在交换器或路由器中设置一个时钟。从交换器的左边端口来看，该时钟是一个从时钟，执行 IEEE 1588 协议可以和主时钟同步。但从另一个端口

看,它又是一个主时钟,它和交换器右边的从时钟也遵循 IEEE 1588 协议。从而获得跨多个网络/子网的时钟同步能力。综上所述,利用 1588 同步技术可以让地震仪系统架构中的每个交叉站发出的命令是严格同步的。

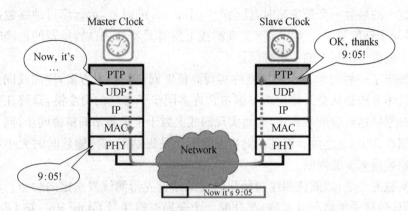

让时间戳的生成尽量靠近物理层以把协议栈的延时减到最小

图 4.4　减小协议层的延时

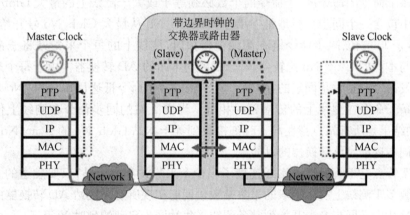

边界时钟提供跨多个网路/子网的时钟同步能力,其方法是将一个端口
用作从时钟(Network1),另一个端口用作主时钟(Network2)。

图 4.5　边界时钟解决交换器和路由器的延时

目前已经有很多芯片生产厂家都能提供支持 IEEE 1588 协议的 CPU,如 Freescale 的 MPC8313,QorIQ P1011 等。内嵌 ARM 芯片的 FPGA 芯片等都在以太网口的物理层设置了实时钟。

4.2　测线方向的精确时间同步方法

解决了中央站和各交叉站之间的时间同步后,接着就要解决每条地震测线上所有采集站的时间同步问题。地震勘探方法技术要求在激发炸药起爆时同步启动所有采集站的

AD 转换器。野外施工时中央站先把同步启动 AD 的预约命令发送所有交叉站,交叉站在预约的时间点将同步命令转发给地震测线上的所有采集站。但是由于每个采集站转发命令至少产生几个 μs 的延时,例如测线上串联了 1 000 个采集站,当从交叉站出发的命令传播到测线上的最后一个采集站时,就会产生几个 ms 的时差,远远超过地震数据采集<±20 μs 的同步精度要求。所以如何实现测线上所有采集站 AD 转换器的精确时间同步始终是数字地震仪研制中的一道难题。

我们提出了一种简单易行的用软件实现高精度同步的技术方案,使测线同步难题迎刃而解。具体方法是从交叉站发送一串包含许多同步子命令的命令链,最终让每个子命令在同一时刻抵达对应的采集站,从而实现测线上数千个采集站的精确同步,同步误差甚至可以控制在几个 μs 之内。而且本同步方案不受采集站固有传输延时的大小和测线上串联采集站数量多少的限制。

具体实施方法是,地震仪测线初始化时交叉站首先给测线发送定向命令。定向命令给所有站点(包括采集站和电源站)都分配一个全局逻辑序号 Glob_No。该 Glob_No 号从 1 开始,逐个递增,直到最后一个站点。随后交叉站在发送 AD 同步命令时其状态机生成含有许多子命令的命令链,子命令的个数必须等于或大于测线上的最大 Glob_No。每个子命令中包含一个同步目标地址 Sync_No,Sync_No 从最大 Glob_No 号开始,逐次递减,直到等于 1。当该同步命令链在测线上传播时,测线上的每个采集站将子命令中的 Sync_No 与本站的 Glob_No 比较,如符合就启动本站的 AD 转换器。由于每个采集站的接收和转发命令的延时是固定的,所以每个 Sync_No 子命令抵达目标 Glob_No 采集站的时间和该条子命令在测线上的传播延时相等。当交叉站的同步命令在测线上传输结束时,得到的结果是所有站点都在同一时刻接收到等于本站 Glob_No 的 Sync_No 子命令,从而达到同步启动 AD 转换器的目的。

此方案特点是不管测线上实际连接了多少个采集站和电源站,只要发送的 AD 同步子命令个数多于测线上实际串联的采集站数量就能实现所有采集站 AD 转换器的精确同步。交叉站从发送同步命令开始到整条测线采集站同步启动的延时 Y 等于:

$$Y = M(采集站固有延时) \times N(同步命令链中子命令个数)$$

让 N=等于地震仪的最大实时带道能力,这样不管施工时测线上实际串联了多少个采集站(实际串联数必须小于 N),地震测线上同步命令的总延时就等于 Y。我们让引爆炸药的命令的延时等于测线总延时 Y+以太网预约命令提前量,这样所有采集站就可以在炸药起爆的同时启动 AD 转换。

下面通过图 4.6 并结合实例说明原理。图中(a)为地震测线初始化后每个站点的全局序号分布情况;(b)为交叉站左侧同步命令链的结构组成示意图;(c)为交叉站右侧同步命令链的结构组成示意图。

(1) 第一步

勘探测网布置完毕后,中央站通过交叉站给测线发送初始化命令(定向命令)。目的是给测线上串联的每个站点(包括采集站和电源站)都分配一个全局逻辑序号 Glob_No。图 4.6(a)中为一条在交叉站左侧串联了 2 000 个站点,交叉站左侧的第一个站点的

Glob_No=1,最远一个站点的 Glob_No=2000,交叉站右侧只串联了 3 个站点的地震测线。

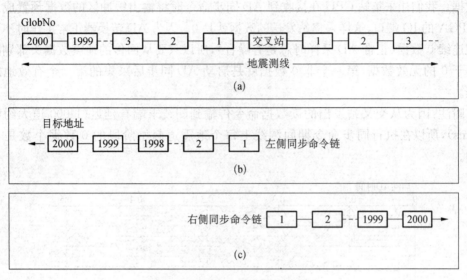

图 4.6　测线方向精确同步的原理

（2）第二步

从交叉站给左右两侧都发送一个包含 2 000 个同步子命令的命令链,见图 8.6 中的(b)和(c)。每个子命令中都包含一个目标地址(Sync_No)。命令链的第 1 个子命令的目标地址是 2000,然后依次是 1999,1898,…,3,2,1。

命令链在测线上传播,如果每个站点转发命令的延时=7.8 μs,所以 Sync_No=2 000 的第 1 个子命令要经过 7.8 μs×2 000=15.6 ms 后才能被 Glob_No=2 000 的采集站接收到(此处暂时不计线缆的延时)。而命令串中最后一个命令(Sync_No=1)虽然在交叉站发出后立即就被 Glob_No=1 的采集站接收到,但离第一个子命令已经滞后了 15.6 ms。这样不管测线上实际串联了多少个采集站和电源站(只要总数少于 2 000),测线上所有的采集站和电源站都能在 15.6 ms 后的同一瞬间接收到交叉站的同步命令。

（3）第三步

采集站将接收到的每个同步子命令中的(Sync_No)都和本站的 Glob_No 进行比较,一旦符合就立刻给本站的 AD 转换器发送一个 AD 同步信号。AD 转换器立即复位内部寄存器,重新启动数据采样(此前 AD 芯片上电后一直是自动连续采集状态)。

AD 转换芯片从接收到同步命令(启动复位)到输出第一个有效采样值有一段延迟时间,因为 AD 转换芯片在这段时间里要对采样结果做滤波计算。此段延迟的时长与选择的滤波器类型(线性相位或最小相位)和采样间隔有关,详细见相关 ADS1282 的技术说明书(ADS1282 High-Resolution Analog-To-Digital Converter)23 页。

图 4.7 是采用 ADS1282AD 转换芯片设置成 1 ms 采样和线性相位滤波器时观察到的地震信号采集结果。从图 4.7 可以观察到,从同步启动 AD 到出现第一个有效样点数据有一段直线(约 64 ms),这段时间就是 AD 芯片接收同步脉冲后对第一个样点执行滤

波计算所需的时间。在这段时间里,AD 转换器虽然不输出数据(ADS1282 的 DRDY 引脚保持高电位),但采集站的 FPGA 仍然按交叉站发出的读数据命令继续读取缓冲区中的数据。我们让采集站 CPU 在接收到 AD 同步命令时将输出缓冲区的数据预置成 0 放在 FPGA 的 IO 端口,这样采集站发送的数据就是 0。因为 AD 转换器正常工作时不可能出现连续 0 数据(正常 AD 采样时总是有噪音),所以只要从回传的地震数据头部剔除所有等于 0 的无效数据,第一个非 0 数据就是启动 AD 同步后采集的第一个有效地震道数据。

附注:因为从交叉站发出的读数据命令传输到测线末端有延迟(1 000 道大约耗时 7.8 ms),所以在执行同步命令期间测线上每个地震道起始阶段的 0 数据个数是不相等的。

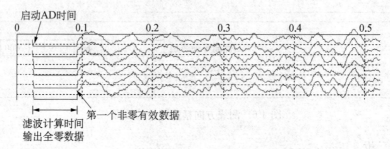

图 4.7　实际接收到的 AD 同步的地震信号

5 Chapter 05
采集站的设计方案

前面我们已经详细讨论了与有线数字地震仪相关的各项关键技术,下面开始介绍实际的地震仪设计和制造方法。有线数字地震仪是一个庞大复杂的系统,构建这样一个系统首先必须要熟悉地震勘探的方法原理,了解野外工作方法,对系统的总体功能和操作控制流程有全面的掌握,这样才能规划一个合适的系统架构,包括硬件、软件、控制功能、通信协议等。

采集站是数字地震仪系统中使用数量最多的部件,同时也是完成地震信号采集的主要执行部件。下面我们从采集站开始逐项介绍数字地震仪系统中各部件的原理结构和功能要求,帮助读者逐步建立整个地震仪系统的概念,并了解它的制造方法。

图 5.1 是采集站硬件设计的原理框图。从图中可以看出,采集站由电源电路、数字传输控制电路、单片机 MCU、模数转换 ADC、数模转换 DAC、低通滤波器 LPF 等组成。

采集站的数字通信功能用 FPGA 实现,负责左右两个方向的数据通信。通信接口有 2 对 LVDS 收发器,经通信变压器和 4 芯通信电缆(测线电缆)对外连接。采集站的电源电路把 4 芯信号线上搭载的 48 V 电压转换成采集站内部电路所需的 5 V、2.5 V 和 1.5 V。地震传感器检测到的地震信号经低通滤波器 LPF 送到 ADC,转换成 24 位的数字信号,DAC 用于自检。

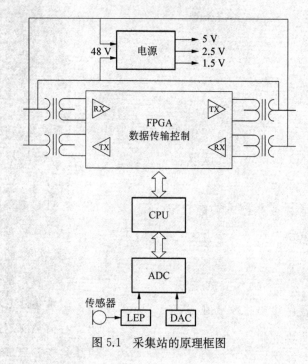

图 5.1 采集站的原理框图

5.1 采集站的通信接口

采集站的通信 I/O 口采用了 FPGA 提供的 LVDS 发送器和接收器。地震仪的通信结构要求采用变压器耦合来传输数字信号,LVDS 收发器通过变压器耦合的接法如图 5.2

所示(同图 4.6)。

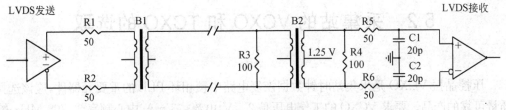

图 5.2　LVDS 变压器传输电路

通信变压器是影响地震仪数字通信可靠性的关键元件,但是几乎所有 FPGA 芯片商或 LVDS 收发器的芯片商都没有提供如何将 LVDS 收发器与变压器连接的应用介绍。我们只能参考以太网的通信接口变压器的参数来设计 LVDS 通信变压器,因为以太网传输的数据编码也是曼彻斯特码,其数据速传输率在 10～100 Mbps,与我们的应用范围相当。我们在试验中采用了 2 种磁芯做对比,一种是商品以太网变压器,用的是环形铁氧体磁芯;另一种是 EE5 铁氧体磁芯,两者的大小尺寸差不多。两者虽然都能满足通信需求,但商品网络通信变压器的连接通信电缆端的绕组线径太细,电阻较大(大于 1 Ω),不利于测线的电源远供。

在数字地震仪中,LVDS 发送端和接收端采用的变压器完全相同。实践中我们采用了 2∶1 的变压器匝数比(1∶1 的网络变压器也能工作)。变压器的参数见图 5.3,该图中将连接 FPGA 的绕组视为初级,连接通信电缆的绕组视为次级,4～5 和 5～6 两个绕组采用双线并绕的方法。初级的开环电感量(OCL)不小于 300 μH,其线径可以细一点,用 0.08～0.1 mm 线径就够了。次级绕组要传送采集站的 48 V 供电电流,为减少绕组铜线电阻造成的损耗,所以次级的线径应稍粗一点(直径不小于 0.2 mm),电阻小于 0.16 Ω。初次级之间的耐压不小于 1 000 VAC。

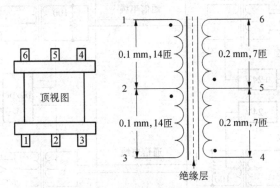

测试频率=1 MHz
初级电感量 0.5 mH(1—3 脚)
次级电感量 125 μH(4—6 脚)
注意:初级和次级的绕线方向相反,双线并绕。

图 5.3　通信变压器

另外还要注意,由于地震仪在野外恶劣环境下工作,磁芯应采用从 −40℃ 到 ＋85℃ 宽温材料。变压器应该选择如德资伍尔特公司这样正规的生产厂家加工,以确保质量。

5.2 采集站的 VCXO 和 TCXO 的选取

压控晶振 VCXO 是采集站时钟数据恢复电路中锁相环 PLL 的重要元器件,应该选择质量可靠的产品。要求 VCXO 的工作电压是 2.5 V,电流<3 mA,中心频率 32.768 MHz,输出方波信号。牵引范围±25 ppm,温度范围−40~+80℃。

TCXO 采用±2 ppm 的 16.384 MHz 温控石英振荡器,是用于转发数据的时钟发生器,是消除抖动的关键元件,一定要选择可靠的产品。工作电压是 2.5 V,电流<3 mA,温度范围−40~+80℃。批量采购的 TCXO 在上 PCB 焊接前应该进行测试筛选,剔除不合格的产品,以保证整个系统的通信可靠性。

5.3 采集站的供电

在有线遥测数字地震仪中,采集站本身不带电池而是由电源站或交叉站供电。电源站和交叉站都用 12 V 电池供电,其内部电路将 12 V 转换成 48 V(±24 V)的电压通过 4 芯通信电缆给采集站供电。为了减轻野外测线电缆的重量,有线数字地震仪普遍利用信号传输线给采集站供电,图 5.4 是这种供电方法的原理图。

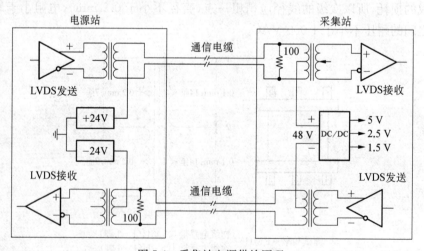

图 5.4 采集站电源供给原理

电源站将 12 V 的电池电压转换成 48 V 高压后,将 48 V 正端(图 5.4 中+24 V 的正端)从电源站的 LVDS 发送变压器的次级绕组的中心抽头输送给图 5.4 上方的一对通信电缆。而 48 V 的负端(图 5.4 中−24 V 的负端)从电源站 LVDS 接收变压器的中心抽头输送给图 5.4 下方的另一对通信电缆。采集站则分别从 LVDS 接收和发送变压器绕组的中心抽头引出 48 V 的正端和负端馈送给采集站内部的 DC/DC 转换电路。变压器绕组的设计使 48 V 供电电流（直流）对变压器磁芯的磁化刚好互相抵消，所以不影响数字编码信号（交流）的传输。用这种方法供电可以节省 2 根电源线。综上所述，采集站的通信变压器承担传送数字脉冲信号的任务，同时承担将信号传输线线上的 48 V 电源引进采集站的任务。传输直流时，与通信电缆端相连的变压器绕组的电阻直接造成供电电路的损耗，所以应尽可能降低该绕组的电阻。

采集站的 DC/DC 转换电路将 48 V 电压转换成 5.4 V 低压。然后再将 5.4 V 电压变换成 1.5 V、2.5 V 和 5 V 等电压供采集站内部使用。其中 1.5 V 供给 FPGA 内核，2.5 V 供给 FPGA 的 IO Bank 和 CPU，5 V 为 ADC 和 DAC 提供基准电压和工作电压。采集站的 DC/DC 转换电路见图 5.5。

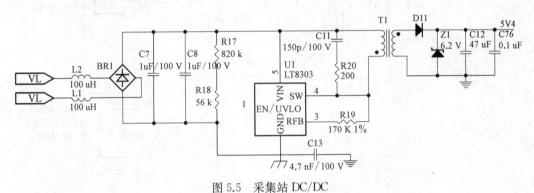

图 5.5　采集站 DC/DC

5.4　采集站 ADC 输入多路器的功能介绍

采集站的 AD 转换器采用了 TI 公司的 32 位 AD 转换芯片 ADS1282，功耗在 17 mW 和 25 mW 之间（设置不同工作模式时），待机时功耗为 10 μW。这是一种专门为地震勘探设计的芯片。据实际测试，只要合理布局采集站电路板上的元器件，精心设计电路的模拟地和数字地，ADS1282 单次 AD 转换（不做平均计算）就能获得稳定的 18～19 位输出（相当于 108 dB～114 dB，所以实际只读取 24 位结果），与 Cirrus Logic 的 CS5373、CS5378 套片的实测结果一样，但价格比后者低许多。在 TI 的官网上可以查到 ADS1282 的价格。

DA 转换器是为 AD 转换器自检提供信号源的。因为数字地震仪对增益精度的技术规范是误差小于 0.1%，所以采用 12 位的 DA 转换器应该能满足自检要求。我们采用了 TI 公司的 16 位 DA 转换芯片 DAC8851，DAC8851 是一个廉价低功耗的 16 位 DA 转换器，设计者也可以采用其他相近指标的 DA 芯片替代。DAC8851 的输出端用了一片 LTC1992-1，这是一个单端输入，双端差分输出的运算放大器。DAC8851 输出的单端模拟电压，经 LTC1992-1 转换成双端差分电压输出给 ADS1282。

采集站的 AD 转换芯片 ADS1282 有两个差分输入口 AIN1 和 AIN2，芯片内部有一个可编程前置放大器 PGA。AIN1 和 AIN2 和 PGA 之间端有一个多路开关(见图 5.6)。AINP1 和 AINN1 接地震波传感器,AINP2 和 AINN2 接采集站的 DAC 的输出。地震信号输入端前级的 2 个 10 K 电阻和 2 个 22 nF 电容组成共模滤波器,用于抑制共模噪音。随后的 4 个 125 Ω 电阻和 2 个 33 nF 电容组成差模低通滤波器,截频为 3 kHz。

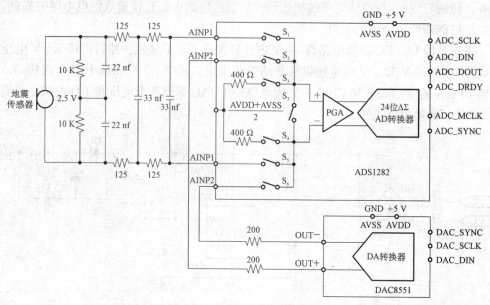

图 5.6 采集站的自检原理框图

AIN1 和 AIN2 与 PGA 之间的多路选择开关(MUX)由 S1 到 S7 组成的。对 ADS1282 内部的 CONFIG1 寄存器中的 MUX[2:0]三位编程可以控制这些开关的闭合或断开,形成各种组态来执行地震数据采集和各种自检测试功能。下面是各种工作状态与 MUX 开关的对应关系。

1. 采集地震信号

MUX[2:0]=000,S1 和 S5 闭合,其他开关开路。仅地震传感器信号输给 PGA。

2. 测试 DAC 输出

MUX[2:0]=001,S2 和 S6 闭合,其他开关开路。直接测试 DAC 的输出信号。可用于 ADC 的失真度、增益精度、相位、脉冲响应等测试。

3. 测试 ADC 噪音和输入直流偏移

MUX[2:0]=010,S3 和 S4 闭合,其他开路。使 PGA 的正、反向输入端通过 400 Ω 电阻接 1/2 芯片供电电压(共模输入),用于测试 ADC 的自身噪音和输入直流偏移。

4. 测试传感器内阻和脉冲响应

MUX[2∶0]＝011，S1、S2、S5、S6 闭合，其他开路。DAC 的输出同时送传感器和 PGA，用于测试传感器内阻和传感器脉冲响应。

5. 测试共模电压抑制

MUX[2∶0]＝100，S6 和 S7 闭合，其他开路。PGA 的正反输入端被短接，DAC 的输出 OUT－与 PGA 的输入 AINN2 相连。相当于给 PGA 施加了一个共模电压。可测试 ADC 的共模电压抑制性能。

5.5 采集站的自检测试

采集站的自检测试分两大类，一类是采集站的 AD 转换器输入端不接传感器时的测试，目的是检查 AD 芯片自身的技术指标是否合格，称仪器测试；另一类是在采集站输入端接传感器时的测试，目的是检查传感器状态，称检波器测试。

1. 仪器测试

采集站不接地震传感器，执行以下测试项目：
① 噪音和直流偏移测试（ADC 的正、反向输入端各经 400 Ω 电阻短接，MUX[2∶0]＝010 ）；
② 失真度测试（DAC 输出 31.25Hz 正弦波，MUX[2∶0]＝001）；
③ 增益精度和相位测试（DAC 输出一个脉冲，MUX[2∶0]＝001）；
④ 脉冲响应测试（DAC 输出一个宽度等于采样率的脉冲，MUX[2∶0]＝001）；
⑤ 共模抑制比 CMRR 测试（DAC 输出 31.25 Hz 正弦波，将 DAC 的一个输出端同时施加给 ADC 的正负两个输入端，形成一个共模输入信号，MUX[2∶0]＝100）。

2. 检波器测试

采集站接通地震传感器，执行以下测试项目：
① 检波器噪音测试（直接对传感器进行 ADC，MUX[2∶0]＝000）；
② 检波器电阻测试（DAC 输出 2 个不同的直流电平，根据 ADC 的输出计算传感器电阻。MUX[2∶0]＝011）；
③ 检波器脉冲响应测试（DAC 输出一个宽度等于采样率的脉冲到传感器上，MUX

[2∶0]＝011）；

④ 检波器漏电电阻测试（暂时没有测试方案，408、428 的检波器有一个接大地的端点）。有关采集站自检测试的具体方法和计算公式读者可参考 Sercel 地震仪的用户手册，上面有详细介绍。

5.6 采集站的控制命令设计

中央站发出的绝大多数命令都是针对采集站的。所以我们先从分析采集站的功能出发来考虑和设计采集站的控制命令。采集站自身是不带电源的，野外施工测线布置完后首先要给采集站加电，关于测线加电的操作流程我们放在电源站章节里再介绍，这里先介绍采集站加电后的操作流程。因为采集站是以任意方向接入测线的，所以中央站在给电源站发送加电命令后必须再发送一条测线初始化命令。测线初始化命令（也叫定向命令）的作用是为每个采集站确立命令的传输方向和地震数据的传输方向。命令的传输方向是从交叉站朝向测线末端，而地震数据的传输方向是从测线末端朝向交叉站。

采集站中设计有 2 个完全相同的数字通信控制模块。测线通电后首先接收到定向命令的模块被设置成主动模块，同时另一个模块被强制成被动模块。定向命令在主动模块中生成 2 个逻辑序号：一个是从交叉站出发开始递增的全局逻辑序号（Glob_No），该序号反映每个采集站在整条测线中的排序位置，将来用于 AD 同步控制。另一个是采集站在每个测线段中的局部逻辑序号（Local_No）。Local_No 编号方法是电源站后的第一个采集站等于 1，然后逐个递增，遇到下一个电源站时结束。Local_No 用来标识每个采样数据在所在测线段中的排序位置，便于电源站的 CPU 编排和封装异步数据包。

在上述初始化任务完成后，采集站就等待中央站的具体操作命令。这些操作命令包括对 AD 转换芯片的配置和标定、ADC 的自检测试、启动同步或非同步 AD 转换、读取采集数据等等，这些操作都是通过采集站内部的 CPU 控制实现的。采集站的功能可以分成两大部分：一是控制测线的数字通信，二是控制 AD 采集。在采集站内部，数据传输功能用 FPGA 实现，包括数字信号的接收和发送、同步头的剥离和生成、同步时钟的恢复、信号的解码和编码、与采集站 CPU 交换数据等操作。而与 AD 转换器相关的全部操作都由采集站中的 CPU 控制。FPGA 不关心中央站发送给采集站 CPU 命令的具体内容，只要发现是给采集站 CPU 的命令就给 CPU 发送中断信号，直接把命令传递给 CPU 去执行。FPGA 如果发现是读采集站数据的命令就直接把 CPU 准备好的数据发送出去，不关心数据的内容。这样做的好处是：修改或升级采集站的功能只需更新 CPU 中的程序，不必改变 FPGA 的代码。目前的采集站方案中 FPGA 是耗电最高的器件，将来电路成熟后应将其制作成 ASIC 芯片，可大幅度降低采集站功耗。ASIC 芯片不可修改，但采集站 CPU 中的功能软件可以更新。将来还可以在 ASIC 芯片中嵌入远程更新 CPU 程序的功能，这样可以将测线上所有采集站的 CPU 的软件进行远程更新升级。

我们根据采集站功能要求设计了以下控制命令（见表 5.1），中央站利用这些命令的组合可以执行采集站的定向、同步、数据采集、AD 校准、自检、查错等各种功能。

表 5.1　采集站命令一览表

编号	命令名	功能说明
1	定向	确定主动模块和被动模块，获取全局和局部逻辑序号
2	同步 ADC	CPU 给 ADC 发同步信号，输出以 c1 开头的同步数据
3	读取采集站数据	FPGA 读取 CPU 准备好的数据
4	读采集站 ID	让 CPU 准备好采集站的 ID 数据（也是上电默认状态）
5	读非同步 AD 数据	CPU 输出以 c0 开头的非同步 ADC 数据
6	读 ADC 配置	读取 ADC 的 CFG0，CFG1，HFP0，HPF1 寄存器
7	读 ADC 标定值	读取 ADC 的 OFC 和 FSC 共 6 个标定寄存器数据
8	配置 ADC	配置 ADC 的 CFG0 和 CFG1 寄存器
9	配置 HPF	配置 ADC 的 HPF 寄存器
10	写采集站 ID	保存分配给采集站的 ID（出厂序列号）
11	保存 ADC 标定值	保存 ADC 的 OFC 和 FSC 共 6 个校准寄存器数据
12	启动 DA 正弦输出	让 DAC 输出一个 36 Hz，幅值可指定的正弦波
13	启动 DA 脉冲输出	让 DAC 输给一个延时时间，幅值和宽度可指定的脉冲
14	关闭 DA 输出	关闭 DAC 输出
15	全闭环	接收到此命令的所有采集站将本站的输出端口设置成闭环状态
16	单站闭环	让指定 ID 的采集站执行闭环
17	单站解环	让指定 ID 的采集站解除闭环

下面分别对表 5.1 中的命令做详细功能描述。

1. 定向命令

这是一条 FPGA 执行的命令，所有操作都是由 FPGA 完成。采集站的 FPGA 内部设计了 2 个完全相同的通信控制逻辑模块，分别控制左右两个方向的数据通信。在开始布置测线时，采集站是不需要辨认方向任意接入的，所以在上电后这两个模块的初始状态没有任何区别。但是一旦中央站发出"定向命令"，每个采集站中只会有一个通信模块首先接收到"定向命令"，此模块立即置起一个 Active_o 标志，把自己标识成主动模块。主动模块有权处理接收到的命令，决定哪些命令需要交给本站的 CPU 处理，哪些命令和数据需要转发。当一个模块置起 Active_o 后，立即将另一个模块强制成被动模块。被动模块只能原封不动地转发接收到的数据，起着中继站的作用，并且不能转发任何命令。在主动模块中"定向命令"还负责生成前面所说的 Glob_No 和 Local_No。

2. 同步启动 ADC 命令

这是一条 FPGA 和 CPU 共同执行的命令，专用来采集地震数据。该命令由 2 部分组成,第一部分就是前面介绍过的同步启动 ADC 命令链,第二部分是"读取采集站数据"命令。

此命令由交叉站发出一个含 2 000 条子命令的特殊命令链,每个子命令中都含有一个唯一的目标地址 Sync_No。采集站的 FPGA 将每条子命令中的 Sync_No 与自己的 Glob_No 相比较,如果两者相符就给采集站 AD 转换器发送一个 AD_SYNC 同步脉冲,ADS1282 立即清零内部寄存器并重新开始采集数据。同步命令同时给 CPU 一个中断,CPU 收到此中断后将输出数据缓冲器清零,同时将输出数据类型标识为 c1(c1 表示是同步数据)。紧跟在 2 000 条同步启动 ADC 命令串后的是一条"读取采集站数据"命令。该命令中包含读取长度,用来指定采集地震数据的长度。

执行启动 ADC 命令读到的是同步数据。同步地震数据的头部有一段几十毫秒的直线,这是 AD 芯片对复位后采集的第一个样点执行滤波计算的时间(见图 4.7)。但是在采样非同步数据时是看不到该直线的,因为 ADS1282 没有收到 AD_SYNC 信号,芯片没被复位,始终在输出有效的 AD 采集数据。

3. 读取采集站数据命令

这条命令是由采集站的 FPGA 直接执行的,FPGA 接收到此命令后将 CPU 准备好的数据发送出去。数据可以是 ID 数据、同步或非同步 AD 采样数据、ADC 配置数据或 ADC 标定数据。FPGA 不关心数据内容,只把 CPU 准备好的数据发送出去。但 CPU 在准备的好数据帧中用一个字节标识数据的类型。本条命令的 word3(16 位)指定连续读数的次数,最大值是 65 535,所以当 1 ms 采样时这条命令最多只能连续读取 65 秒长的数据。

4. 读采集站 ID 命令

这条命令是由采集站的 CPU 执行。采集站 CPU 接收到这条命令后立即从其他操作状态转换到输出 ID 数据状态,并把输出数据的类型标识为 c2。

每个采集站都有一个 ID 号,这个号是在工厂生产时分配给采集站的,包含产品出厂的年、月、日、时间等信息(不会重复)。ID 号除了保存在采集站的非易失存储器中外,还用条形码标签粘贴在采集站外壳上,以便于野外施工时工人寻找和识别,因为在排除测线故障时需要用到 ID 号。采集站 CPU 在上电初始化后的默认状态就是自动将本站的 ID 放在与 FPGA 数据交换的输出端口上,所以上电后中央站只需发一条"读采集站数据"命令就可以立即将 ID 数据读走。

5. 读非同步 AD 数据命令

这条命令由采集站的 CPU 执行。采集站 CPU 接收到这条命令后直接将取 AD 转换器当前输出结果放到 IO 端口上,等待 FPGA 读走。同时 CPU 将输出数据类型标识为 c0。此命令用于读取采集站自检结果等不需要严格同步的应用场合。

6. 读 ADC 配置命令

这条命令由采集站的 CPU 执行。此命令用来读取 AD 转换器的 CFG0,CFG1, HPF0 和 HPF1 等寄存器内容。CPU 收到此命令后从 ADS1282 中读出这 4 个寄存器内容,放到 FPGA 的 IO 端口供 FPGA 读走。中央站只需再发送一条"读取采集站数据"命令就可以传送到中央站。本命令可用来检查执行第 8,9 两条命令的结果。

7. 读取 ADC 标定值命令

这条命令由采集站的 CPU 执行。CPU 收到此命令时,读出 ADS1282 的 OFC 和 FSC 寄存器内容,并放到 FPGA 的 IO 端口。中央站再发送一条"读取采集站数据"命令就可以接收到 ADC 标定值数据。此命令用来检查第 11 条"存储 ADC 标定值"命令是否已经被正确执行。

8. 配置 ADC 的 CFG 寄存器命令

这条命令由采集站的 CPU 执行。ADS1282 内部有 2 个配置寄存器 CFG0 和 CFG1 用来设置 ADC 的工作状态。当需要重新配置 ADC 时,中央站把新的 CFG0 和 CFG1 数据发送给采集站 CPU,再由 CPU 写进 ADS1282。注意写进 ADS1282 的 CFG0 和 CFG1 的数据在采集站关电后随即丢失,采集站 CPU 必须将中央站的配置数据保存在采集站 CPU 的非易失存储器中,以便在下次上电时调出来使用。CFG0 和 CFG1 是 8 位寄存器,它们的位含义以及上电后默认值如下:

表 5.2　ADS1282 的 CFG 寄存器位定义

寄存器	bit	功　　能
CFG0	7	选择同步模式,脉冲模式＝0(默认),连续模式＝1
	6	选择低功耗模式＝0 或高分辨率模式＝1(默认)
	5：3	选择采样率,011＝0.5 ms ,010＝1 ms(默认),001＝2 ms
	2	选择滤波器相位特性,线性相位＝0(默认),最小相位＝0
	1：0	选择数字滤波器, Sinc ＋ LPF ＝ 10(默认)
CFG1	7	不用
	6：4	设置前放的多路器 MUX
	3	禁止 PGA 斩波模式＝0,允许 PGA 斩波模式＝1(默认)
	2：0	选择 PGA 增益,000：G＝1(默认),010：G＝4

9. 配置 HPF 命令

这条命令是由采集站的 CPU 执行。此命令配置 ADS1282 输入端的高通滤波器,用两个 8 位寄存器 HPF0 和 HPF1 定义。这条命令的操作和"配置 ADC 的 CFG 寄存器"命令的操作一样,如果选择不用 HPF 就不必设置,HPF 将按上电时的缺省值配置。如果不选择默认配置,采集站 CPU 同样需要把新的 HPF 配置值保存在非易失存储器中,在下次上电时调出来使用。

10. 写采集站 ID 命令

此命令将分配给采集站的 ID 传送给 CPU,再由 CPU 写进非易失存储器中。

11. 存储 ADC 标定值命令

此命令要求 CPU 将命令参数中的数据写进 ADS1282 的 OFC 和 FSC 寄存器(6 个字节),同时存进内部非易失存储器。因为 OFC 和 FSC 寄存器中的数据在断电后会丢失,CPU 可以在下次上电时必须从非易失存储器中将它们调出来写进 OFC 和 FSC 寄存器。

12. 启动 DAC 输出正弦波命令

CPU 收到此命令时启动 DAC,输出一个频率等于 36 Hz,幅值可以指定的正弦波。此命令用于自检测试。

13. 启动 DAC 输出脉冲波命令

CPU 收到此命令时启动 DAC,输出一个幅度和宽度以及起跳时间(延迟)都可以指定的脉冲波。此命令用于自检测试。

14. 关闭 DAC 输出命令

CPU 收到此命令时关闭 DAC 输出。

15. 全闭环命令

这条命令由采集站的 CPU 执行。凡是接收到这条命令的所有采集站将其远端(朝测线末端方向)的数据收发电路闭环。

采集站闭环和解环命令用于测线查错，是一项很重要的功能。闭环功能还可以用来构建排列，如果不想把电源站设定为排列的终端，就可以将排列的最后一个采集站设置成闭环状态，形成同步数据回传到电源站的通路。图5.7是采集站内部闭环控制的原理框图。如图所示，采集站的内部有两个完全相同的通信控制模块：模块1和模块2。DataIn_1

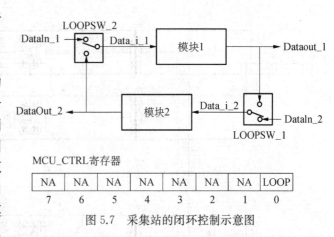

MCU_CTRL寄存器

NA	NA	NA	NA	NA	NA	NA	LOOP
7	6	5	4	3	2	1	0

图 5.7　采集站的闭环控制示意图

是模块1的数据输入端，DataIn_2是模块2的数据输入端，分别接收采集站左右两端通信线来的数据。假如现在模块1是主动模块，模块2是被动模块。当采集站接收到"全闭环命令"后，CPU将MCU_CTRL寄存器的LOOP位置1，表示要求闭环。主动模块1输出的Active_o和LOOP共同控制将LOOPSW_1切换。将模块1的输出信号DataOut_1与模块2的输入Data_i_2接通，形成闭环。

注意：全闭环命令是一条由交叉站或电源站发送的54开头的采集站命令，该命令不能跨越电源站。在执行测线诊断时，中央站只给指定ID的电源站发送测线查错的宏命令。指定ID的电源站收到命令后启动运行测线查错程序，首先给其下游的测线段发送54开头的采集站全闭环命令，将测线段中的所有采集站闭环，然后逐一发送解环命令。所以测线查错程序只能在指定电源站后面的测线段中执行。

16. 单站闭环命令

这条命令由采集站的CPU执行。单站闭环命令中含指定采集站的ID号。只有持有该ID号的采集站才能将MCU_CTRL寄存器的LOOP位置1，执行闭环。

17. 单站解环命令

这条命令由采集站的CPU执行。单站解环命令中也含指定采集站的ID号。持有该ID号的采集站才能将MCU_CTRL寄存器的LOOP位清零，解除闭环。

5.7　采集站的电原理图

下面是采用3.4(5)节的独立晶振去抖动方案设计的采集站点原理图。

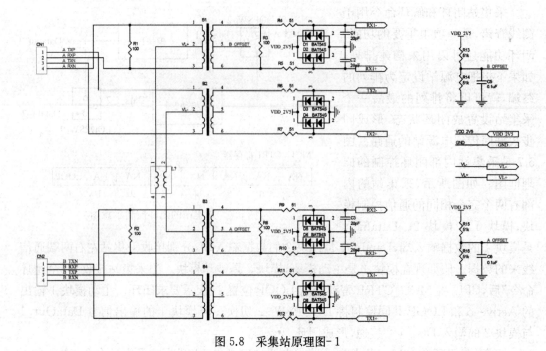

图 5.8 采集站原理图-1

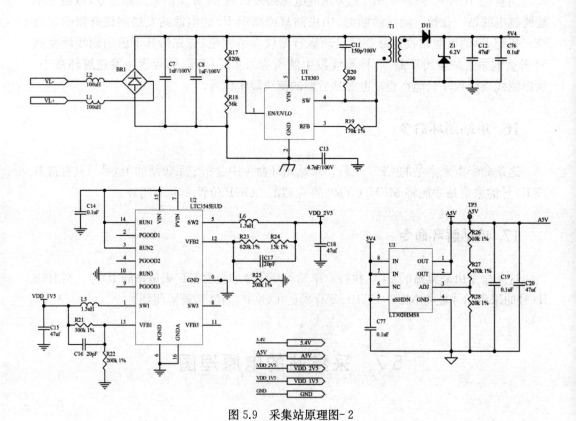

图 5.9 采集站原理图-2

有线遥测数字地震仪原理和制造

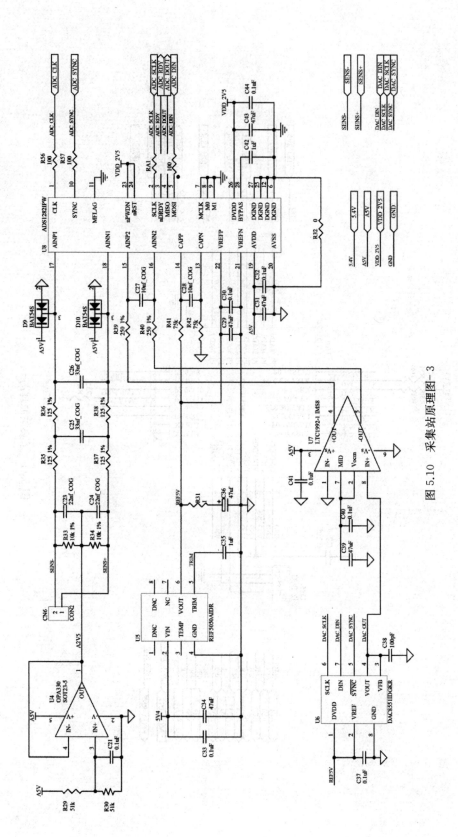

图 5.10 采集站原理图－3

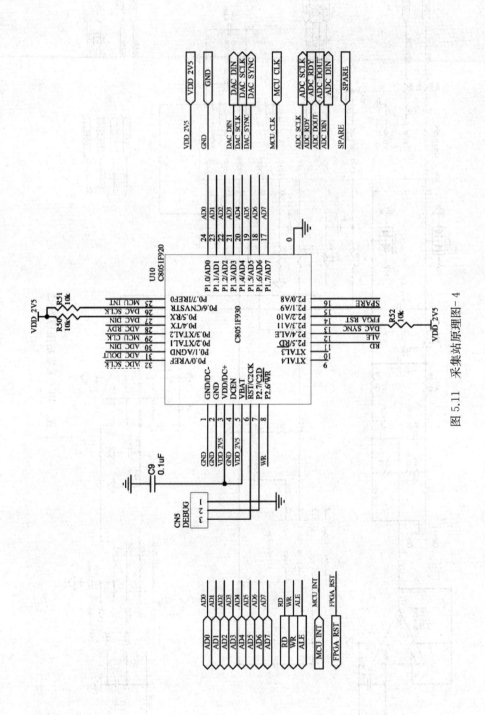

图 5.11　采集站原理图－4

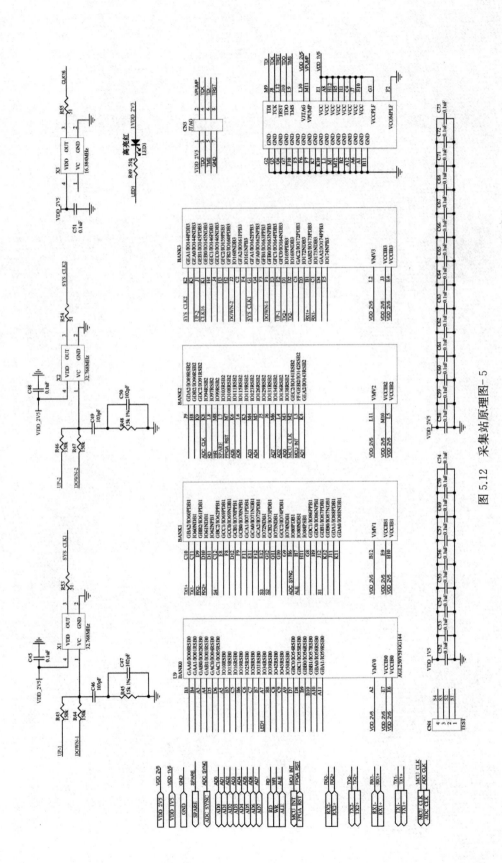

图 5.12　采集站原理图-5

Chapter 06

6 电源站、交叉站功能和混合功能站的设计

有线遥测数字地震仪是由中央站、交叉站、电源站和采集站组成的。每个电源站控制几十个采集站形成一个地震子系统（测线段），整个地震仪系统由许多这样的子系统组成。我们将数字地震仪的控制机制设计成三层结构：中央站→交叉站，交叉站→电源站，电源站→采集站。中央站只能给交叉站发送命令，中央站的命令以 TCP/IP 报文发送给交叉站。交叉站把中央站的命令剥去 TCP/IP 封装（有关 TCP/IP 报文的格式请参考其他文章），转换成自定义协议的电源站命令（DYZ_Cmd）发送给各级电源站。电源站命令包含两种操作指令：一种是要求电源站的 CPU 执行操作的指令，另一种是要求采集站执行操作的指令。如果是前者，电源站的 CPU 直接执行该命令。如果是后者，电源站必须先将命令转换成采集站命令（CJZ_Cmd）后发送给采集站，然后由采集站执行。中央站、交叉站、电源站以及采集站之间的通信规则规定如下：

（1）从交叉站发出的电源站命令（ha 开头）是全局命令，能传输到测线的末端，测线上的所有电源站和采集站都必须无条件转发所有 ha 开头的命令；

（2）交叉站和电源站发出的采集站命令（h5 开头的）是仅在测线段内有效的局部命令，不能跨越下一个电源站。交叉站和电源站只能管辖它下游（命令传播方向）测线段中的几十个采集站。每个电源站总是截断来自上游交叉站或电源站发出的 h5 开头的采集站命令；

（3）除了转发命令外，测线段中的所有采集站还要负责转发上游采集站的采样数据（同步数据），测线段中所有同步数据在该测线段下游电源站中汇集并包装成异步数据包；

（4）电源站负责把本站和下游电源站的异步数据包回传给交叉站，回传过程中每个电源站和采集站都是中继站。

6.1　交叉站的功能介绍和设计

图 6.1 是交叉站的功能说明图。

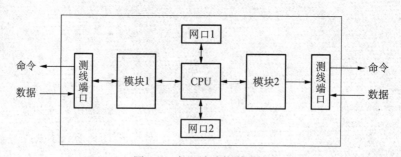

图 6.1　交叉站功能说明图

交叉站中有 2 个完全相同的数字通信功能模块（模块 1 和模块 2），每个模块连接一个地震测线端口。这 2 个模块执行相同的任务，通过左右 2 个地震测线端口给测线发送电源站命令或采集站命令，并接收测线回传的地震数据。

交叉站中有 2 个以太网口(可接线缆或光纤),一个朝向中央站,另一个连接交叉线下游的其他交叉站。朝向中央站方向的以太网口接收来自中央站的命令,并给中央站传送本站测线来的和下游交叉站来的异步数据包。连接下游交叉站的以太网口给下游交叉站转发中央站来的命令和接收下游交叉站回传的异步数据包,这 2 个网口上跑的都是 TCP/IP 协议。

图 6.2 是交叉站内部的电原理框图,图中上下 2 个模块就是图 6.1 中的模块 1 和模块 2。

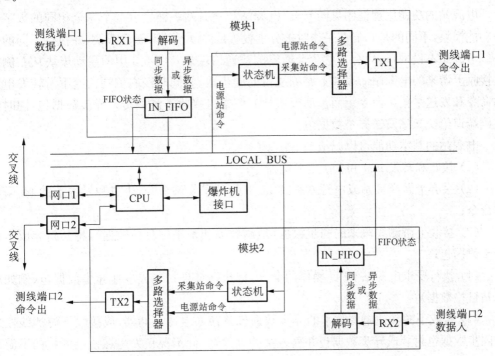

图 6.2 交叉站的原理框图

交叉站由 FPGA,CPU,存储器,以太网口等 I/O 端口组成。图 6.2 中的 LOCAL BUS 是 CPU 总线(Freescale 的 QorIQ P1011)。FPGA 负责测线方向上的数据传输,包括数字信号的接收和发送、测线协议包同步头的生成和剥离、同步时钟和数据的恢复、数字信号的解码和编码、与 CPU 交换数据等操作。CPU 执行网口操作,TCP/IP 协议包的解析和生成,给测线发送命令,接收和封装测线来的同步数据等操作。另外还有爆炸机接口和串口(当用于大线接口箱时)。每个交叉站都有自己的 ID 号,如果中央站要给某个交叉站发送单播命令,就需要给出该交叉站的 ID 号。

交叉站接收到中央站的命令后,剥去 TCP/IP 协议封装转换成自定义协议的电源站命令,分别转发给左右两端的地震测线。交叉站的 FPGA 中具有和电源站一样的状态机设计。交叉站在给测线发送电源站命令时也把命令中的 CmdData[2](转移参数)传递给状态机。状态机则执行状态转移,输出采集站命令链,让采集站执行指定的任务。

在发送命令的同时交叉站接收左右两端地震测线回传的数据(异步数据包)并将其封装成 TCP/IP 包发送给中央站。除了发送本站的地震数据包外,交叉站还要向中央站转发下游其他交叉站 TCP/IP 协议包。所以交叉站需要同时执行上下左右 4 个方向的双向通信任务。

6.2　电源站的功能介绍和设计

电源站的功能原理框图见图 6.3。电源站和交叉站一样也有 2 个完全相同的数字通信功能模块,不同的是它们在工作时被分别设置成主动模块和被动模块,并执行不同的任务。电源站不设网口,只有左右 2 个地震测线通信端口。图 6.3 中的主动模块从左侧端口接收上游来的电源站命令和上游测线段的同步数据,同时经右侧端口给下游转发电源站命令和发送采集站命令。而被动模块从右侧端口接收下游回传的异步数据包,同时经左侧端口给交叉站发送异步数据包。

电源站的基本功能可以归纳如下:

(1) 接收和转发 ha0 和 ha1 电源站命令;

(2) 丢弃上游交叉站或电源站来的 h5 开头的采集站命令,生成和发送新的 h5 采集站命令;

(3) 接收上游测线段来的同步数据(地震数据和采集站自检数据),将其封装成本地异步数据包;

(4) 执行要求电源站 CPU 操作的命令,把执行结果封装成本地异步数据包(例如电源站自检数据);

(5) 接收下游其他电源站来的异步数据包并存入缓冲存储器,或接收下游测线段来的同步数据也封装成异步数据包并存入缓冲存储器(此情况仅发生在该电源站的下游某个采集站被设置成闭环时);

(6) 缓存中的异步包都按本地包优先、先进先出的原则逐个发送给交叉站。

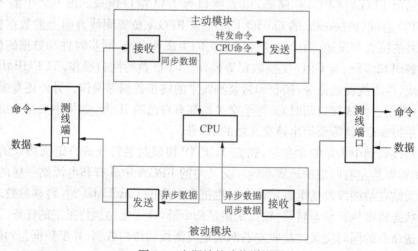

图 6.3　电源站的功能说明图

电源站的电原理框图见图 6.4，电源站中的两个数字通信功能模块用 FPGA 实现。这两个通信功能模块的逻辑设计完全相同，野外生产接入测线时无需辨别方向。和采集站一样，在定向命令后分别设置成主动和被动模块，各自执行不同的任务。图 6.4 展示的是中央站从图左边发送"定向命令"后的状态，上方模块已经确立为主动模块，下方模块则被强制设置成被动模块。交叉站应该位于图 6.4 的左边方向（图中没有出现）。主动模块从左边端口接收上游测线来的命令和采集站同步数据（命令中既有电源站命令也有上游交叉站或电源站发出的采集站命令）。主动模块丢弃上游来的 h5 采集站命令，仅给右边端口转发 ha 电源站命令和 ha1 全局命令，并生成和发送新的 h5 采集站命令。

被动模块从右边端口接收从下游测线来的异步数据包或同步数据帧（后者仅发生在该电源站下面的测线段中用闭环采集站做排列端点时），如果是同步数据帧则将它们封装成异步数据包（这种情况下该电源站需要封装 2 个异步数据包）。然后通过左边端口给交叉站方向发送异步数据。原理图中用虚线标记的数据流是执行定向命令后被禁止的功能，下面介绍电源站的详细功能设计方法。

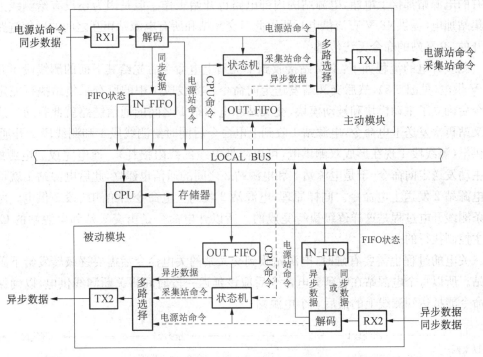

图 6.4　电源站的原理框图

1. 主动模块的命令接收功能设计

主动模块从输入数据流中筛选接收所有 ha 开头的命令。主动模块在接收到 ha0 命令时将命令中的 CmdData[2] 传递给状态机，同时报告给电源站的 CPU。而 ha1 命令仅转发，不需要报告给电源站 CPU。主动模块不理睬上游交叉站或电源站发出的以 h5 开头的采集站命令,h5 采集站命令只在交叉站和电源站各自管辖的下游测线段中有效,传输到下一个电源站就被作废。

2. 主动模块的命令发送功能设计

主动模块的命令发送功能包含直接转发 ha 电源站命令(ha0 和 ha1),发送状态机生成的 h5 开头的采集站命令,以及 CPU 自主生成和发送 h5 开头的采集站命令。

电源站无条件转发接收到的 ha0 命令,同时还要把 ha0 命令中的转移参数 CmdData[2]传递给主动模块中的状态机。如果命令中包含效转移参数,状态机就会生成 h5 采集站命令。ha0 命令同时要传递给电源站的 CPU,CPU 需要分析命令内容执行相应的操作。如果接收到的是 ha1 命令就直接转发,不需要报告给 CPU。

电源站 CPU 自主发送 h5 开头的采集站命令有以下 2 种场合。

第一种是测线的上电和关电命令。野外施工时当测线已经布设完成,工人将测线上所有的电源站都接上电瓶,电源站的内部电路也开始工作。但是因为还没有给测线上的采集站加电(提供 48 V 直流供电),所以此时交叉站和所有电源站相互之间的通信链路是断开的,交叉站的命令无法传播。

测线开电的流程如下:交叉站接收到中央站上电命令后先给其下面的测线段 1 开通 48 V 供电(见图 6.5),然后交叉站发送定向命令。测线段 1 中的所有采集站执行完定向命令后确立了主动模块和被动模块,交叉站和电源站 1 之间的通信链路就此打通。这时交叉站再次发送上电命令,电源站 1 收到上电命令后同时给测线段 1 和测线段 2 开通 48 V 供电(测线段 1 现在形成双侧供电,可以降低电缆的线阻损耗)。通电完成后电源站 1 再主动发送定向命令,于是电源站 1 和电源站 2 之间的通信也建立,此后电源站 1 就可以给电源站 2 发送上电命令。同样原理,电源站 2 收到上电命令后给测线段 3 供电。所以整条测线开电过程是这样逐级执行完成的。所以开电命令是由交叉站和电源站的 CPU 自主控制执行的。

关电的过程也需要有延时,电源站收到交叉站的关电命令后需要逐级转发给下游电源站。所以每个电源站在收到关电命令后应该延迟一段时间再关断测线供电,以确保关电命令能抵达到测线上的最后一个电源站。

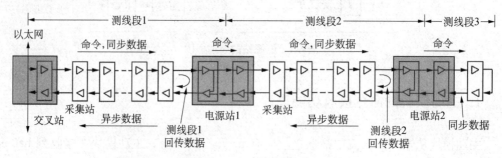

图 6.5　地震测线段结构

第二种是要求电源站查找测线段的故障点。如果某个测线段发生通信故障,中央站从返回的数据立即就能判断出是哪个测线段出了问题,因为故障点以下的所有异步数据包都无法接收到。这时中央站只需给最后一个正常电源站(指定其 ID)发送查错命令,让该电源站启动测线断点查找程序。这样就可以找到准确的故障点位置,查错方法如下。

(1) 电源站 CPU 先发送采集站"全闭环命令",该电源站下面只要是通信仍然正常的采集站(位于故障点前面的采集站)都能收到命令。全闭环命令可以将这些通信还正常的采集站的远端全部设置成闭环状态。设置成闭环状态的采集站虽然仍然可以往下游方向传递命令,但却无法接收下游采集站回传的数据。见图 6.6。

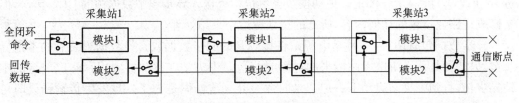

图 6.6   全闭环命令后的状态

(2) 然后电源站发送"读采集站 ID"命令。如果第一个采集站是正常的,并且电源站与采集站 1 之间的通信电缆也是良好的,"读采集站 ID"命令只能读回采集站 1 的 ID。

(3) 然后电源站给采集站 1 发送"单站解环命令"(因为已经知道了该站的 ID),解除其闭环状态。这时采集站 1 和采集站 2 就形成了 2 个采集站的闭环回路。这时电源站再发送一次"读采集站 ID"命令,如果采集站 2 和通信电缆都正常,这一次就能读回 2 个ID 号。

(4) 重复执行第 2 和第 3 步,直到接收不到 ID 数据。就可以判断最后一个正常采集站之后的通信电缆或采集站就是故障发生点。

在执行上述的诊断操作中,闭环和解除闭环,以及读 ID 都是由交叉站或电源站 CPU主动直接发送采集站命令。

3. 电源站主动模块的数据接收处理功能设计

电源站主动模块接收到的数据只可能是上游测线段中采集站实时采集的地震数据、自检数据、采集站的 ID、AD 转换器的配置数据或 AD 转换器的标定数据。控制逻辑从输入数据流中筛选出这些数据,把它们写进输入宽度为 128 位的 In_FIFO,In_FIFO 置起非空等标志通知 CPU 接收和处理。同步数据的接收和处理过程是和命令的接收、转发同时进行的。

电源站 CPU 从 In_FIFO 中读走这些同步数据,对接收到的同步数据帧进行 CRC校验并对错误进行计数,最后将同步数据封装成异步数据包。异步包由一批基本帧单元组成(每帧含 14 个有效字节加 1 个 CRC 字节),异步包的总长度不超过 1 024 个有效字节。CPU 对同步数据中发生的错误不做任何处理,只在异步包的包头错误字段置起出错标志,指示同步数据有错。最后在异步包的包尾生成整个异步包数据的 CRC 校验字(16 位)。CPU 将异步数据帧写进 Out_FIFO,由电源站的被动模块读出并发送给交叉站。

4. 电源站被动模块的功能设计

电源站的被动模块不执行,不转发任何接收到的电源站命令,所以也不生成和转发采集站命令(图 6.4 中用虚线表示不执行的数据流),被动模块只从下游电源站或采集站输入的数据中筛选出有效数据帧(异步数据或同步数据,但两者不可能同时出现),把它们写进 In_FIFO,等待 CPU 读走。被动模块虽然也检查输入异步包中数据帧的 CRC 错误,但不修改过路异步包的任何内容,所有的错误留给中央站处理。

异步数据包有两种,一种是电源站将接收到的同步数据或自检数据封装后的本地异步包,另一种是从下游电源站传来的过路异步包。中央站在存储器中保存本次放炮的本地异步包,直到中央站启动下一炮记录时才丢弃。这样做是为了一旦发生传输错误时可以重发这些数据。

CPU 在发送这些异步包时,遵循本地包优先发送的原则。本地异步包一旦形成,CPU 就立即将其写进 Out_FIFO,而下游其他电源站来的过路异步数据包暂存在本站的缓冲存储区中排队等待发送。被动模块的发送电路只管从 Out_FIFO 中读取异步数据,并将其发送出去。当 Out_FIFO 中的数据已经被读空无数据可发送时,发送电路就发送全 0 数据帧,连续发送全 0 的数据帧是为了保持测线上通信链路不会中断(让 PLL 锁相环维持锁定状态)。

6.3 混合功能站的设计方案简介

前面我们已经分别介绍了独立交叉站功能和电源站功能的设计原理。下面介绍既能执行交叉站功能,也能执行电源站功能的混合功能站设计方案。具有交叉站/电源站功能的混合功能站可以使地震勘探网络具备快速建立冗余通信链路的能力。当地震测线发生通信故障时只需将 2 条相邻测线上的 2 个混合功能站连接(见图 6.7 中的 A 和 B),就可以重建通信链路,恢复被中断的数据传输,无须停产和等待修复故障就可以立即恢复生产。

图 6.7 举例说明了上述通信重建过程。当图 6.7 中水平地震测线 3 的电缆 X 处发生故障,导致电源站 A 远端的数据无法传递给交叉站 D。紧急补救方法是用一根迂回网络线 L(缆缆或光缆)将测线 3 中电源站 A 和相邻测线 2 的电源站 B 相连接,然后将电源站 A 切换成执行交叉站功能。于是交叉站 A 启动数据恢复程序,将保存在原电源站 A 中的测线 3 的地震数据经迂回电缆 L 传给 B,经 B 再传送给交叉站 C,最终回到中央站。这样只需加接一根迂回电缆 L,不必等待修复电缆故障就可以立即恢复中断的数据和继续正常施工。这使野外施工的停产时间几乎降为零,大大提高了生产效率。

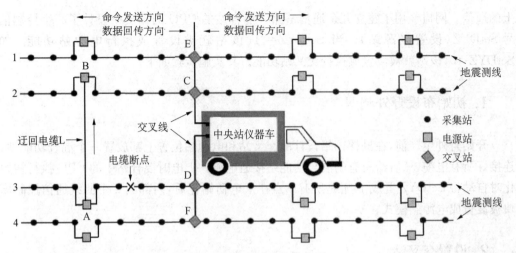

图 6.7　网络故障的示意图

　　为建立上述网络拓扑功能,就要求上述的 A、B 站点具有交叉站和电源站的混合功能,而且能快速方便切换。图 6.7 中的所有交叉站和电源站(包括 A、B、C、D、E、F 等)都可以统一设计成混合功能站。每个混合功能站的硬件和软件设计完全一样,并且功能的切换快速方便。任意 2 条测线上任意 2 个混合功能站可以通过网线或光纤互相连接,就可实现无停产野外施工。混合功能站的电路原理见图 6.8。

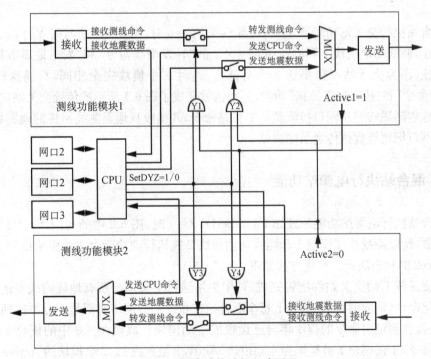

图 6.8　混合功能站的电路原理

　　如图 6.8 所示,混合功能站有 3 个网口和 2 个地震测线端口。内部含有 CPU 和 2 个完全相同的测线通信控制模块。网口 1 和网口 2 的作用和传统交叉站相同,用于交叉线上的通信。网口 3 用于建立冗余通信链路。混合站的 CPU 的输出中设计了一个控制信号 SetDYZ(设置电源站)。当 SetDYZ＝1,该站就被设置成执行电源站功能。如 SetDYZ＝0,该站就被设置成执行交叉站功能。其实施步骤如下。

1. 初始布设野外测网

开始野外生产前,在勘探网络设计的交叉站和电源站位置上都放置一个混合功能站,连接好所有电缆,然后给所有的混合功能站接通电源。上电时混合站中的 CPU 执行初始化时自动将 SetDYZ 置成 1,于是所有站点在上电初始化后,内部的 2 个测线通信控制模块被设置成电源站模式。

2. 设置交叉站

随后中央站通过交叉线上的网口给交叉线上的第一个混合站(图 6.7 中的 C 和 D)发送功能切换命令,让 CPU 将 SetDYZ 置成 0,于是这两个站就转变成了交叉站。交叉站 C 和 D 再通过交叉线把中央站的切换命令逐级传递给交叉线上的 E 和 F,把它们都转变成交叉站。

3. 混合站执行交叉站功能

混合站执行交叉站功能原理如下:当 SetDYZ＝0 时,图 6.8 中的与门 Y1、Y2、Y3、Y4 都被禁止,测线功能模块 1 和测线功能模块 2 的"转发测线命令"和"发送地震数据"功能都被禁止(因为交叉站不需要这 2 个功能)。这时 2 个模块完全相同,只能执行"发送 CPU 的命令"和"接收地震数据"功能,其结构就变成了图 6.1 所示的传统交叉站功能。交叉站给地震测线转发从网口接收到的中央站命令,并接收从地震测线回传的地震数据,最后通过网口把地震数据传递给中央站。

4. 混合站执行电源站功能

混合站执行电源站功能原理如下:当 SetDYZ＝1 时,图 6.8 中的与门 Y1、Y2、Y3、Y4 全被开放,所以测线功能模块 1 和测线功能模块 2 能执行的功能由主动模块信号 Active1 和 Active2 的状态决定。实施方法如下:

当交叉线上的交叉站都配置完成后,中央站通过交叉站给所有地震测线发送一条测线初始化命令(定向命令)。测线上每个混合站在布设勘探网络时都是不分方向随意接入的,首先接收到定向命令的模块将自己设置成主动模块。假设图 6.8 中的模块 1 首先收到定向命令,于是模块 1 被标识为主动模块,Active1 被置成 1。2 个模块的 Active 信号互相送到对方模块,先置成 1 的 Active1 信号将对方模块的 Active2 强制为 0,模块 2 就变成了被动模块。

现在再看图 6.8,在模块 1 中因为 SetDYZ＝1 和 Active1＝1,与门 Y1＝1,结果"转发测线命令"的功能被开通。同时因为 Active2＝0,与门 Y2＝0,结果"发送地震数据"的功能被禁止。所以模块 1 能够执行"转发测线命令"和"接收地震数据",但不能发送地震数据,就成了传统电源站中的主动模块。在地震测线中主动模块负责接收和转发交叉站的命令,同时接收上游采集站的地震数据。

再看模块 2,因为 SetDYZ＝1 和 Active2＝0,与门 Y3＝0,结果"转发测线命令"的功能被禁止。又因为 SetDYZ＝1 和 Active1＝1,与门 Y4＝1,结果"发送地震数据"的功能被开通。所以模块 2 能执行"接收地震数据"和"发送地震数据",但不能"转发测线命令",成了传统电源站中的被动模块。在地震测线中被动模块执行地震数据回传的中继任务。

综上所述,SetDYZ＝1 使混合站的结构变成了执行图 6.3 所示的传统电源站功能。如果是模块 2 先接收到定向命令,上述的结果就刚好相反。模块 2 就成了主动模块,模块 1 是被动模块。

5. 建立冗余通信路径

图 6.7 中举例水平地震测线 3 的 X 处发生故障而导致通信中断,断点 X 以远的数据都无法传递给交叉站 D。这时将测线 3 中的电源站 A 和测线 2 中的电源站 B 的网口 3 互相连接。中央站通过交叉站 C 给电源站 B 发送命令,B 将命令经网口 3 转发给 A。该命令将电源站 A 切换成执行交叉站功能。于是 A 站先执行数据恢复程序,将上次通信故障发生时保存在本站缓存中的数据发送给 B,再由 B 传送给交叉站 C,使数据最终回传给中央站。缓存的数据恢复后,中央站就可以继续执行被中断的生产进程。此后原来的电源站 A 执行交叉站功能,给断点 X 以下的地震测线发送交叉站命令,同时回收地震数据。执行上述操作过程快速简单,无须等待通信线路故障的修复,实现了不停产的勘探生产进程。

6.4　测线传输线抗噪音干扰

前面介绍过,数字地震仪在野外施工过程中,测线连接后工人总是先给交叉站和电源站接上电瓶,然后等待中央站发送命令。因为整条测线的通信链路尚未建立,所以必须从交叉站开始,逐级通知电源站给采集站加电。但在加电之前,测线的通信电缆就像一根长长的天线,周边的电场会造成几十 mV 的干扰信号,所以交叉站和电源站的 LVDS 接收器会接收到大量的乱码,这些乱码可能会使交叉站和电源站误动作。消除这种干扰的办法是给电源站和交叉站的 LVDS 接收器输入端加一个偏置电路。该偏置电路产生 2 个效果,一是给 LVDS 接收器的两个输入引脚加 1.25 V 左右的共模电压,二是两个输入引脚之间产生一个 50 mV 左右的偏置电压,其结构如图 6.9 所示。

偏置电路由 R1、R2、R3、R4 组成,变压器绕组的内阻可以忽略,LVDS 接收器的输入电阻影响也可以忽略,所以流过 4 个串联电阻的电流约是 0.26 mA。于是加在 LVDS 正负输入端的共模电压在 1.25 V 左右,而 2 个输入引脚之间的电压差是 52 mV 左右。当测线上感应的干扰信号小于 50 mV 时，LVDS 接收器的输出保持高电位（逻辑 1）。LVDS 接收器的输出就不会发生跳变，从而抑制了干扰。

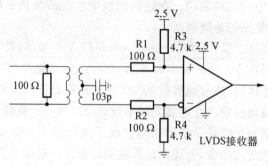

图 6.9　抗传输线干扰方法

6.5　测线供电的极性判别和上电

图 6.10，是交叉站/电源站测线端口供电控制的实际电路图。交叉站总是首先给测线加电，所以不需要关心输出电源的极性，直接开通就可。为了降低测线电缆线阻造成的损耗，通常都采用从测线段的两端共同给采集站供电的方法，例如在图 6.5 中交叉站和电源站 1 共同给测线段 1 供电。所以电源站 1 必须确保其供电的极性和交叉站的供电极性一致。同样原理电源站 1 和电源站 2 给测线段 2 共同供电时，电源站 2 的供电极性也必须和电源站 1 保持一致。所以下游电源站在给上游测线段并网供电时必须先辨别已被供电测线上的电压极性，然后以相同的极性把自己的 48 V（±24 V）电源并网供电，同时开通给下游测线的供电。有关并网加电的控制步骤在下面还要详细介绍。图 6.10、图 6.11 和图 6.12 是电源站测线端口的极性检测电路图。

1. 测线上外部供电的极性判别

图 6.10 是电源站通信接口上的电路。CN1 是电源站一侧通信电缆端口，CN2 是电源站另一侧通信电缆端口。B1 和 B2 是 CN1 端口的数字信号接收和发送变压器。LINE_A1 和 LINE_A2 分别是变压器 B1 和 B2 初级的中心抽头。如果 CN1 连接上游交叉站或电源站，上游站的 48 V 电压通过连接 CN1 的通信电缆馈送到 LINE_A1 和 LINE_A2。同样 LINE_B1 和 LINE_B2 是变压器 B3 和 B4 的中心抽头。如果 CN2 连接上游交叉站或电源站，那么上游站的 48 V 电压通过连接 CN2 的通信电缆馈送到 LINE_B1 和 LINE_B2。所以如要知道 CN1 或 CN2 中是否已经被上游电源站或交叉站供电，只需测量 LINE_A1/LINE_A2 和 LINE_B1/LINE_B2 就可以了。CN1 和 CN2 端口的电压极性检测电路分别见图 6.11 和图 6.12。

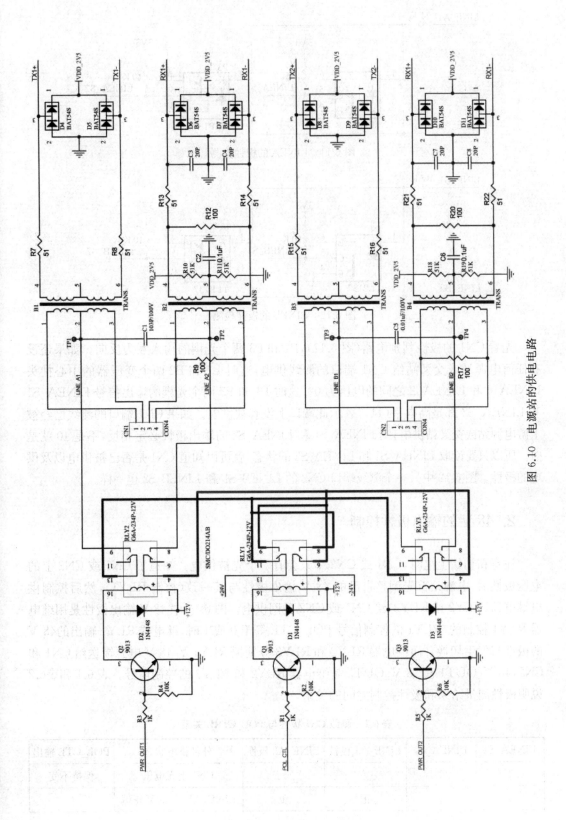

图 6.10 电源站的供电电路

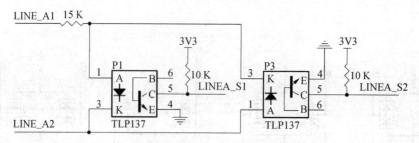

图 6.11　LINEA 的极性检测

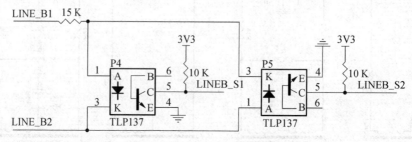

图 6.12　LINEB 的极性检测

先看 CN1 的极性判别电路(图 6.11),P1 和 P3 两个光耦的输入互为反向。如果还没有任何电源站或交叉站给 CN1 端口的测线供电,这时 B1 和 B2 两个变压器的中心抽头 LINEA_1 和 LINEA_2 之间的电压为 0。这时 P1 和 P3 两个光耦的输出信号 LINEA_S1 和 LINEA_S2 都是高电平(11),表示此端口上没有被供电。如果 CN1 端口的测线已经被上游电源站或交叉站供电,则 LINEA_S1 和 LINEA_S2 的输出极性必定相反,不是 10 就是 01。所以只要读取 LINEA_S1 和 LINEA_S2 的状态,就可以知道 CN1 是否已被供电以及供电的极性。图 6.12 中另一个测线端口 CN2 的 LINEB_S1 和 LINEB_S2 也一样。

2. 48 V 的输出极性控制

注意在初始上电时,CN1 或 CN2 中只会有一个先被供电。知道了 CN1 或 CN2 上的电压极性后,电源站首先调整自己的 48 V 输出极性与其一致(控制 RLY1),然后控制供电继电器(RLY2 或 RLY3)给 CN1 或 CN2 并网供电。图 6.10 中 48 V 输出极性是用继电器 RLY1 控制的,RLY1 的控制信号 POL_CTL 等于 0 或 1 时,继电器 RLY1 输出的48 V 的极性将发生切换。而继电器 RLY2 和 RLY3 分别把 RLY1 的 48 V 电源馈送给 CN1 和 CN2,48 V_OUT1 和 48 V_OUT2 是继电器 RLY2 和 RLY3 的控制信号。表 6.1 和表6.2 说明极性测量结果和极性控制之间的关系。

表 6.1　测线 CN1 极性与 POL_CTRL 关系

LINEA_S1	LINEA_S2	LINE_A1 极性	LINE_A2 极性	外部供电状态	POL_CTL 输出
1	1	/	/	CN1 上无电压	保持不变
0	1	正	负	LINE_A1 是 48 V 正端	0

LINEA_S1	LINEA_S2	LINE_A1 极性	LINE_A2 极性	外部供电状态	POL_CTL 输出
1	0	负	正	LINE_A2 是 48 V 正端	1
0	0	/	/	此状态不可能出现	/

表 6.2　测线 CN2 极性与 POL_CTRL 关系

LINEB_S1	LINEB_S2	LINE_B1 极性	LINE_B2 极性	外部供电状态	POL_CTL 输出
1	1	/	/	CN2 上无电压	保持不变
0	1	正	负	LINE_B1 是 48 V 正端	0
1	0	负	正	LINE_B2 是 48 V 正端	1
0	0	/	/	此状态不可能出现	/

3. 测线段双侧供电的控制方法

电源站的 FPGA 中设置了一个反映测线供电状态的 16 位寄存器 PWR_STAT(地址＝0xfa00003a),其位分布如下,仅低 4 位有效。

bit [15:4]	bit 3	bit 2	bit 1	bit 0
0000,0000,0000	LINEA_S1	LINEA_S2	LINEB_S1	LINEB_S2

同时设计了另一个 PWR_CTRL 寄存器(地址＝0xfa000038),用来控制继电器 RLY1,RLY2,RLY3 以及 48 V 电源的总开关。位分布如下:

bit [15:4]	bit 3	bit 2	bit 1	bit 0
0000,0000,0000	48 V_OUT2	48 V_OUT1	PO_CTL	48 V_ON

其中 48 V_OUT1 控制 RLY2,48 V_OUT2 控制 RLY3,PO_CTL 控制 RLY1,48 V_ON 控制 12 V 转 48 V DC/DC 模块的开通和关断。

当电源站接收到"给测线供电"命令后,执行以下操作步骤:

① 读 PWR_STAT 寄存器,决定 48 V 的输出极性(PO_CTL)。

if (PWR_STAT== 0x0007)||(PWR_STAT== 0x000d);0xfa000038＝0x0;

else if (PWR_STAT== 0x000b)||(PWR_STAT== 0x000e);0xfa000038＝0x2;

② 打开 48 V 电源开关。

回读 0xfa000038 的值,与 0x0001 进行"或"操作,开通 48 V 电源模块(48 V_ON＝1)。

③ 开通上下游采集站 48 V 电源。

回读 0xfa000038 的值,与 0x000c 进行"或"操作,同时闭合供电继电器 RLY2 和 RLY3(48 V_OUT2＝1,48 V_OUT1＝1)。

④ 电源站完成上述操作后延迟 2 秒,给下游测线重发"上电命令"。延时是为了等待

下游测线段初始化建立正常的通信链路。

4. 关闭电源站的测线供电

关闭电源站的测线供电,只需简单地发一条广播命令,每个电源站收到命令后延时一段时间(主要是等待最远的电源站也收到命令),然后关断给测线供电的继电器 RLY1 和 RLY2,同时关断 48 V 电源模块。

6.6　测线电缆的漏电测量

测线电缆对地漏电会造成通信的误码,所以检查漏电是地震仪的常规检测内容之一。测线的漏电检测如图 6.13 所示。48 V 供电的中心抽头(±24 V 的中心点)经一个几欧姆的采样电阻接交叉站/电源站外壳,外壳与大地接触。当测线电缆与大地之间有漏电电流时,采样电阻 R 上会形成压降,由此电压可计算出漏电电流的大小。

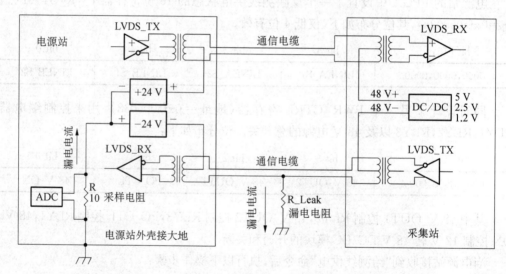

图 6.13　测线漏电监测原理

7 Chapter 07
有线遥测数字地震仪的通信协议

有线遥测数字地震仪中运行着两套通信协议。在交叉线方向运行的是 TCP/IP 协议，在测线方向运行的是自定义的通信协议。中央站发送给交叉站的命令是 TCP/IP 协议包，交叉站剥离 TCP/IP 包装将测线协议格式的电源站命令转发给电源站。下面我们主要介绍测线方向上自定义的通信协议，至于 TCP/IP 协议读者可自己去查阅有关资料。

测线通信协议设计数据通信的基本单位是帧。一帧由 16 个字节组成，第一个字节是同步字节(也叫同步头)，最后一个字节是 CRC 字节，中间只有 14 个字节是有效数据字节(CmdData[1] - CmdData[14])。数据帧承载不同的信息，为了区分这些不同的信息，我们把有效字节中的第一个字节(Cmd_Data[1])用来描述数据帧的包含的数据类型(Data_Type)，见表 7.1。

表 7.1　数据帧的数据类型标识

帧数据类型	电源站命令	采集站命令	同步数据	异步数据
Cmd_Data[1]	ha0,ha1	h50,h54,h57,h58,h5a	hc0~hc4	hcf

测线上的数据帧可以分成 4 大类，即电源站命令、采集站命令、同步数据、异步数据。命令的传播方向总是从交叉站向测线远端传输。同步数据是采集站输出的实时采集数据，其传输方向也是朝向测线远端，但其终点是该采集站所在测线段下游的第一个电源站。异步数据是电源站回传数据，其传输方向总是朝向交叉站，其源头是每个电源站，最终目的地是交叉站。

7.1　电源站命令和采集站命令格式

如表 7.1 中所示，测线上有 2 类命令：电源站命令(DYZ_Cmd)和采集站命令(CJZ_Cmd)。电源站命令由电源站负责接收和执行，采集站命令由采集站负责接收和执行。但也有例外，有 2 条特殊的电源站命令要求源站和采集站同时接收和执行(下面再详细介绍)。

协议规定如下，电源站命令用数据帧中的第 1 个字节 CmdData[1]＝ha0 标识。电源站接收到以 ha0 开头的命令时一般都直接转发出去。但是如果是定向命令，就必须先将命令帧的 word4 加 1 后再转发，同时将 word4＋1 作为本站的 Glob_No 保存。Glob_No 是所有站点(电源站和采集站)在整条测线中的顺序编号。

通信协议规定所有的 ha0 命令都必须传递给电源站 CPU，由 CPU 决定是否需要接手后续的操作。因为理论上虽然 ha0 命令能传递到测线上的最后一个电源站，实际上在某些场合下却无法做到。例如测线初始化开通 48 V 供电和启动测线故障查错两种情况，前者是开电前整条测线的通信链路尚未建立，后者是原有通信链路已经因故障断开。所以必须由电源站的 CPU 接手执行后续操作，其详细过程在 6.2(3)节中已经介绍，此处不再赘述。其他指定由电源站执行操作的命令请参见表 7.5。

电源站命令帧的第二个字节 CmdData[2]用来决定是否要将本次命令转换成采集站命令发送出去,CmdData[2]是命令传递给电源站状态机的转移参数。电源站在接收和转发 ha0 电源站命令的同时将 CmdData[2]传递给状态机。如果 CmdData[2]中包含有效转移参数,状态机就发生状态转移,自动输出一系列采集站命令并紧跟着电源站命令发送出去。表 7.2 是四种输出采集站命令的电源站命令。从表中可以知道,有效转移参数 CmdData[2]分别是 h0a,h14,h07 和 h04。下面对这几种的命令做详细介绍。

表 7.2　状态机执行状态转移的四种电源站命令

WORD	BYTE	Set_Act	AD_Sync	req_Data	MCU_Cmd
word1	CmdData[1]	ha0	ha0	ha0	ha0
	CmdData[2]	h0a	h14	h07	h04
word2	CmdData[3]	haa	h05	0	参数 1
	CmdData[4]	h55	hc1	0	参数 2
word3	CmdData[5]	haa	Length[1]	Length[1]	参数 3
	CmdData[6]	h55	Length[0]	Length[0]	参数 4
word4	CmdData[7]	Glob_No[1]	SYNC_No[1]	0	0
	CmdData[8]	Glob_No[0]	SYNC_No[0]	0	0
word5	CmdData[9]	0	0	0	0
	CmdData[10]	0	0	0	0
word6	CmdData[11]	0	0	采样序列[1]	0
	CmdData[12]	0	0	采样序列[0]	0
word7	CmdData[13]	0	0	0	0
	CmdData[14]	0	0	0	0
	CRC	CRC	CRC	CRC	CRC
功能		定向命令	同步 AD 采集	读采集站数据	MCU 命令

注:0 表示不用或无意义

1. 定向命令 Set_Act

定向命令是一条电源站/采集站都要执行的全局命令,转移参数 Cmd_Data[2]＝h0a。这条命令要完成以下 3 个任务:

① 让电源站和采集站完成定向操作,设定内部的主动模块和被动模块。

② 给测线上的每个电源站和采集站分配一个在整条测线中排序的全局逻辑序号(Glob_No)。

③ 生成采集站命令,仅在所在测线段内有效,作用是给每个采集站分配一个测线段中的局部逻辑序号(Local_No)。

电源站和采集站中首先接收到定向命令的通信模块立即置起主动模块标志（Active_o＝1），同时将另一个通信模块强制成被动模块。

测线上的每个站点（电源站和采集站）都要将命令帧的 word4 加 1 作为本站的 Glob_No（全局序号）保存，然后再把加 1 后的 Glob_No 替代命令帧中原来的 word4 转发给下一个站点。定向命令中 word4 的初始值＝0。

每个电源站的状态机在接收到定向命令 Set_Act 时，其转移参数 h0a 使状态机生成一条采集站定向命令（h5a00）紧跟在（ha00a）命令后面发送出去。采集站定向命令作用是给电源站下面测线段中的每个采集站分配一个局部顺序号 Local_No。Local_No 放在命令帧 word1 的低字节中，Local_No 的初始值也等于 0，每个采集站都要将 Local_No 加 1 作为本站的 Local_No 保存，然后再把加 1 后的 Local_No 转发给下一个采集站。电源站下游的第一个采集站的 Local_No＝1，然后依次加 1，当遇到下一个电源站时排序便结束。

2. AD 同步命令 AD_Sync

这是一条仅由交叉站执行的命令，其命令格式是 ha014，h05c1，Length，SYNC_No，…，转移参数 Cmd_Data[2]＝h14。协议规定只有交叉站的状态机才响应转移参数 h14，电源站的状态机对 h14 不做任何响应。AD_Sync 命令帧中 word3 是采集数据的长度参数（Length）。

转移参数 h14 在交叉站中被状态机转换成 2 000 条 AD 同步子命令（AD_Sync_sub）和 1 条读采集站数据命令（req_Data）。每条子命令中的 word4 的值等于一个从 2 000 开始逐次减 1 的 AD 同步序号（SYNC_No）。同步子命令的格式如下：

同步头	ha100	h05c1	word3	SYNC_No	word5	word6	word7

注意同步子命令以 ha1 打头。协议规定测线上的所有站点（电源站和采集站）都必须接收和转发 ha1 开头的 AD 同步子命令。同时每个采集站将 word4 中的 SYNC_No 和本站的 Glob_No 相比较，若匹配就给 AD 转换器发送一个同步脉冲 AD_Sync，同时给采集站 CPU 发送一个中断。从而实现我们在 4.2 节中介绍的精确 AD 采集同步。

交叉站状态机生成的 AD 同步子命令链的最后一条子命令（第 2001 条）是"读采集站数据"命令（req_Data）。因为 AD 同步命令中的 word3 含有采样长度参数，所以状态机将按此参数生成读采集站数据的命令链，见下节说明。

3. 读采集站数据命令 req_Data

这是一条读取采集站数据的命令，转移参数 Cmd_Data[2]＝h07。交叉站发出的 req_Data 命令可以直接传递到测线上的最远的电源站。req_Data 命令帧中的 word3（Length）用来指定读取数据的次数。

读采集站数据的方法设计如下：

交叉站发送一条 req_Data 命令,交叉站和电源站的状态机根据转移参数 h07 生成 Length 个命令链。每个命令链由 128 条采集站命令帧组成,第一条是 h57 命令帧,其后跟着 127 条 h58 命令帧,时长刚好等于 1 ms。如果 req_Data 命令中的 Length=6 000,交叉站和电源站的状态机就将 req_Data 转换成 6 000 个命令链,也就是采样 6 秒数据。因为 h57 和 h58 都是采集站命令,它们的作用范围仅仅在所属的测线段内。

特别要指出,在执行同步 AD 采样命令时,交叉站发送的 req_Data 命令到达每个电源站是有延时的。如果测线上串联有 1 000 个采集站,最远处的电源站接收到 req_Data 命令就晚了十几 ms。我们在介绍测线精确时间同步方法时曾指出,AD 转换器在收到 AD 同步脉冲后有一段 64 ms 左右的 0 数据输出时间段。在这段时间内 AD 转换器正对复位后的第 1 个采样做滤波计算,所以要 64 ms 后才出现第 1 个有效采样数据。所以该十几 ms 的延迟不会影响有效地震数据的接收。

4. 采集站 CPU 操作命令 MCU_Cmd

这是一条指示采集站 CPU 执行操作的命令。其转移参数 CmdData[2]=h04,状态机将其转换成采集站命令 h54,并将原始电源站命令的 word2~word5 共 4 个 word(8 个字节)作为参数附在后面传递给采集站 CPU。采集站 FPGA 接收到 h54 命令立即向采集站 CPU 发中断,并把上述的 8 个字节传递给 CPU。CPU 根据传递的参数执行相应的操作。

表 7.3 是需状态机输出采集站命令的电源站命令列表,表 7.4 是经状态机转换后的采集站命令列表。

7.2　同步数据帧

1. 同步数据帧的格式

我们把采集站实时输出的数据统称同步数据,包含同步和非同步 AD 采样数据,采集站 ID,AD 转换器寄存器等等。同步数据帧的同步头后有 14 个有效字节和一个 CRC 字节。其中 Byte1 和 Byte3—Byte8 等七个字节是采集站 CPU 传递给 FPGA 的。Byte1 标识 CPU 输出的数据类型(Data_Type),Byte3—Byte8 是采集站 CPU 输出的 6 个字节(MCU_Data0—MCU_Data5)。因为 1 ms 读取 1 次采集站数据,这 6 个字节可以存放 2 个 0.5 ms 采样的地震数据(每个样点 3 个字节),也可以存放其他数据(见表 7.5)。同步数据帧中还含其他的字节,如 Local_No、Glob_No、采样序列号、CRC 等。但这些数据都是由采集站的 FPGA 生成的,与 CPU 无关。所有同步数据类型的格式见表 7.6。

表 7.3 转换采集命令的电源站命令

序号	命令名		Word1	Word2	Word3	Word4	Word5	Word6	Word7	状态机输出采集站命令的电源站命令 Word8
1	定向命令		a00a	aa55	aa55	Glob_No	0	0	0	Word8 =h5555 或和 h6666,是握手信号;Word 4 用于传递和获得每个站点的全局逻辑序号
2	AD同步命令		b014	05c1	Length	Sync_No	0	0	0	AD同步命令,仅交叉站执行,输出数据类型=c1
3	读采集站数据		a007	0	Length	0	0	0	0	交叉站发的读采集非同步数据命令
4	读ID数据		a004	0ac2	0	0	0	0	0	读CPU输出的ID,数据类型=c2
5	读非同步AD		a004	0ac0	0	0	0	0	0	读CPU输出非同步ADC数据,数据类型=c0
6	读ADC配置		a004	0ac3	0	0	0	0	0	读ADC的CFG0,CFG1,HPF0,HPF1寄存器内容,c3
7	读AD标定值		a004	0ac4	0	0	0	0	0	读ADC的OFC和FSC寄存器内容,数据类型=c4
8	分配ID	采集站MCU命令	a004	01,Local_No	FDU_ID[3:0]	0	0	0	0	给指定Local_No的采集站写ID(产品生产时用)
9	配置ADC		a004	0200	CFG0,FG1	0	0	0	0	写ADC的CFG0和CFG1寄存器
10	配置HPF		a004	0300	HPF0,HPF1	0	0	0	0	写ADC的HPF寄存器
11	保存标定值		a004	04,Local_No	OFC[2:0],FSC[2:0]共6个字节	0	0	0	0	给CPU传递3个Word的ADC配置参数(标定参数)让指定Local_No的采集站将采集ADC标定参数存进Flash
12	启动DA正弦		a004	0aa0	幅值0~ffff	0	0	0	0	DAC输出一个指幅值的36Hz,正弦波
13	启动DA脉冲		a004	0aa1	幅值0~ffff	延时(μS)	宽度(μS)	0	0	DAC输出一个延时,幅值和宽度都可指定的方波脉冲
14	关闭DA输出		a004	0aa2	0	0	0	0	0	关闭DAC输出
15	单站闭环		a004	07,ID[3]	ID[2],ID[1]	ID[0]00	0	0	0	将指定ID的采集站的闭环
16	单站解环		a004	08,ID[3]	ID[2],ID[1]	ID[0]00	0	0	0	将指定ID的采集站的解除闭环
17	恢复上炮数据		a004	—	—	—	—	—	—	读取保存在 RAM 中的上次地震数据

注:0 表示不用或无意义

Chapter 07

表 7.4 经状态机转换输出的采集站命令

	命令名	Word 1	Word 2	Word 3	Word 4	Word 5	Word 6	Word 7	说　明
					经状态机转换后输出的采集站操作命令					
1	定问命令	5a,Local_No	0	0	0	0	0	0	Local_No 用于传递和获得每个采集站的局部逻辑序号
2	AD同步子命令	a100	0	0	0	0	0	Sync_No	启动 AD 同步,Sync_No 是同步序号
3	读采集站数据	5700	0	0	0	0	Length	0	读取数据命令,Length 是采样序列号
		5800	0	0	0	0	0	0	空帧命令
4	读 ID 数据	5400	0ac2	0	0	0	0	0	读 CPU 输出的 ID,数据类型=c2
5	读非同步 AD	5400	0ac0	0	0	0	0	0	读 CPU 输出非同步 ADC 数据,数据类型=c0
6	读 ADC 配置	5400	0ac3	0	0	0	0	0	读 ADC 的 CFG0,CFG1,HPF0,HPF1 寄存器内容
7	读 AD 标定值	5400	0ac4	0	0	0	0	0	读 ADC 的 OFC 和 FSC 寄存器内容
8	分配 ID	5400	01, Local_No	FDU_ID[3:0]	0	0	0	0	给指定 Local_No 的采集站写 ID(产品生产时用)
9	配置 ADC	5400	0200	CFG0, FG1	0	0	0	0	写 ADC 的 CFG0 和 CFG1 寄存器
10	配置 HPF	5400	0300	HPF0, HPF1	0	0	0	0	写 ADC 的 HPF 寄存器
11	保存标定值	5400	04, Local_No	OFC[2:0],FSC[2:0] 共 6 个字节				0	给 CPU 传送 3 个 Word 的 ADC 配置参数(标定值)让指定 Local_No 的采集站将 ADC 标定参数存进 Flash
12	启动 DA 正弦	5400	0aa0	幅值 0~ffff	0	0	—	—	让 DAC 输出一指定幅值的 36 Hz,正弦波
13	启动 DA 脉冲	5400	0aa1	幅值 0~ffff	延时(μS)	宽度(μS)	—	—	让 DAC 输出一个延时,幅值和宽度都可指定的方波脉冲
14	关闭 DA 输出	5400	0aa2	—	—	—	—	—	关闭 DAC 输出
15	全闭环	5400	0607	0809	0a00	0	0	0	将测线段中的采集站全部闭环
16	单站闭环	5400	07,ID[3]	ID[2], ID[1]	ID[0]00	0	0	0	将指定 ID 的采集站的闭环
17	单站解环	5400	08,ID[3]	ID[2], ID[1]	ID[0]00	0	0	0	将指定 ID 的采集站解除闭环

表 7.5　电源站操作命令

	命令名	Word1	Word2	Word3	Word4	Word5	Word6	Word7	Word8—Word18	
1	PWR_UP	a0a1	a1a1	0	0	0	0	0	—	给测线供 48 V 电源
2	PWR_DOWN	a0a1	a2a2	0	0	0	0	0	—	关闭测线 48 V 电源
3	CHK_PWR	a0a1	a3a3	0	0	0	0	0	—	执行电源站自检
4	RESEND	a0a1	a4a4	LAU_ID[3:0]	LAU_ID[3:0]	包序号	0	0	—	让指定电源站重发异步包
5	CHK_LINE	a0a1	a5a5	LAU_ID[3:0]	LAU_ID[3:0]	0	0	0	—	查找指定电源站下面测线段的断点
6	建立 X—Tech	a0a1	a6a6	起点站 LAU_ID[3:0]	LAU_ID[3:0]	目的站 LAU_ID[3:0]	0	0	—	建立过回数据通路
7	WRITE_ID	a0a1	a7a7	—	LAU_ID[3:0]	—	—	—	—	给电源站分配 ID
8	READ_ID	a0a1	A8a8	—	—	—	—	—	—	读电源站 ID

注:0 表示不用或无意义

表 7.6　采集站同步数据帧格式

Byte	数据来源	非同步 AD 数据	同步 AD 数据	ID 数据	AD 配置数据
1	CPU	c0	c1	c2	c3
2	FPGA	Local_No	Local_No	Local_No	Local_No
3	CPU	AD_1[2]	AD_1[2]	ID[3]	CFG[0]
4	CPU	AD_1[1]	AD_1[1]	ID[2]	CFG[1]
5	CPU	AD_1[0]	AD_1[0]	ID[2]	HPF[0]
6	CPU	AD_2[2]	AD_2[2]	ID[1]	HPF[1]
7	CPU	AD_2[1]	AD_2[1]	NC	NC
8	CPU	AD_2[0]	AD_2[0]	NC	NC
9	FPGA	Glob_No[2]	Glob_No[2]	Glob _No[2]	Glob _No[2]
10	FPGA	Glob_No[1]	Glob _No[1]	Glob _No[1]	Glob _No[1]
11	FPGA	AD 序列号 H	AD 序列号 H	AD 序列号 H	AD 序列号 H
12	FPGA	AD 序列号 L	AD 序列号 L	AD 序列号 L	AD 序列号 L
13	NC	0	0	0	0
14	NC	0	0	0	0
15	FPGA	CRC	CRC	CRC	CRC

注 1：采样序号，Glob_No，LAU ID，FDU ID，OFC[2：0]，FSC[2：0] 都是高字节在前。

注 2：0 表示不用或无意义

2. 同步数据帧的传输方式

　　测线方向的数据传输速率是 16.384 Mbps，每 1 ms 可以传输 128 个 16 字节数据帧（总计 2 048 个字节）。传输同步数据的方法就是由电源站或交叉站每 1 ms 发送一个含有 128 条采集站命令的命令链。该命令链的第 1 条是读数据命令(h57)，后面跟着 127 个空数据帧命令(h58)。就好像是发出一列火车，h57 是火车头，后面有 127 个标识为 h58 的空车厢。采集站收到 h57 命令后就立即开始寻找火车头后面的空车厢。测线段中第一个接收到 h57 命令的采集站发现 h57 火车头后面的第一个车厢就是 h58 空车厢，于是把本站的数据装进这个车厢发送出去。这时该车厢的第 1 个字节就从 h58 变成了 hc 打头（c0、c1、c2、c3、c4），相当给这个车厢贴上了一个已被占用的标签。h57 命令传播到第 2 个采集站时，该采集站也开始寻找 h58 空车厢，但发现 h57 后的第 2 个车厢才是 h58 空车厢，于是占用该车厢并也贴上了 hc 标识。以此类推，每个采集站都依次把自己的数据放进 h58 空车厢。当这趟列车到达下游的第一个电源站时，电源站将这些已装车的同步数据封装成异步数据包，并回传给交叉站。

　　由于供电能力，两个电源站之间一般不超过 60 个采集站，所以在传送同步数据时用不满 127 个空帧，未占用的空帧在电源站被抛弃。所以在下行的通信线路上的数据传输并不繁忙。但向交叉站方向回传异步数据帧的时候数据帧用得很满，而且越接近交叉站，数据传输的密度越高。如果电源站的软件设计不合理,硬件设计吞吐量不足,靠近交叉站的电源站会出现数据传输堵塞现象。

7.3 异步数据帧和异步数据包

1. 异步数据的帧格式

异步数据帧同步头后的第 1 个字节＝hcf,标识是异步数据。后面的 13 个字节全部存放有效数据,最后一个字节是 CRC 码。见表 7.7 中的列格式安排。

2. 异步数据的包格式

电源站封装的异步数据包由 n 个异步数据帧组成,承载测线段中 k 个采集站 m 次采样的结果。异步数据包的长度可变,但最多只允许 1 024 个有效字节(不算异步数据帧的同步头和帧尾 CRC 字节),异步包的内容安排如表 7.7 所示。

表 7.7 异步数据包的结构

word	Byte	帧单元 ＃1	帧单元 ＃2	帧单元 …
	0	帧同步头	帧同步头	帧同步头
1	1	hcf	hcf	hcf
	2		同步数据错	
2	3	异步包头	采集站个数 k	…
	4		采样率	
3	5		样点个数	
	6	包内数据类型		…
4	7		备用	
	8	电源站 ID	备用	
5	9			…
	10		样点 ＃1	
6	11	异步包字节长度		
	12			…
7	13	异步包序号	样点 ＃2	
	14			…
—	15	CRC	CRC	CRC

异步数据包中各字段含义如下：

数据类型：每个数据帧的第 1 个字节(hcf)标识该帧是异步数据帧。

异步包头：4 个字节的特殊编码,标识是异步数据包的包头。

数据类型：1 个字节,指示数据包内的数据类型(如采集站 ID,AD 采集数据,AD 配置数据,AD 标定数据;电源站_ID,电源站状态等等)。

电源站 ID：4 个字节,电源站的出厂 ID 号。

包长度：包括包尾 2 字节 CRC 在内的异步包总长度。

包序号：每个电源站封装的原始异步包序号。

同步数据错：电源站在接收采集站的同步数据帧时检查 CRC,如发现任何错误,在异步包头段的同步数据错字段中置起错误标志。

采集站个数：指示该异步包中含多少个采集站。

采样率：指示采样率。

样点数：指示本异步包中每个采集站有多少个采样点。

备用字节：以备将来使用。

样点♯n：顺序放置的采集数据。

包 CRC：整个异步数据包的 CRC 校验码,2 个字节,不同于数据帧的 CRC。

7.4　交叉站回传中央站的数据包格式

中央站和交叉站数据通信采用 TCP/IP 协议。交叉站给中央站发送的 TCP/IP 数据包的格式如下：

表 7.8　TCP/IP 数据包格式

1	2	3	4	5	6	7	8	9	10	11	12	13	14	15	16
目标 MAC 地址						源 MAC 地址						协议类型 0xcfcf		同步头 0xeb90	
长度		ID	SEQ			地震采样数据									
地震采样数据															
地震采样数据															
地震采样数据															
······															
地震采样数据								以太网 CRC							

Chapter 08

8

有线数字地震仪基本功能的 HDL 设计

本章详细介绍有线地震仪基本功能的 FPGA 设计,包括差分曼码的编码和解码、数据帧的发送和接收、锁相环设计、CRC 的生成和校验、有限状态机等设计方法,HDL 语言采用的是 Verilog。

8.1　差分曼码的编码和解码

1. 差分曼码解码程序

```
`timescale 1ns /1ps
/************************************************************
*****************************
本模块含同步头剥离和差分曼码解码功能,模块接收 testbench 输出的 120 位的差分曼码编码数据,
转换成 15 个字节 NRZ 数据(共 120 bit)。
testbench 发送的数据是 54_11_22_33_44_55_66_77_88_99_aa_bb_cc_ff_67.综合有 1 个警告信息。
************************************************************
***************************** /
module CM_Rx(
input       Clk2x,
input       Reset,
input       Data_i,                        //输入编码数据流
output      reg [7:0]CmdData[1:15],        //接收 15 个字节数据帧
output      reg [7:0]Rx_Cunt              //结合艘、接收时钟计数
);


//------------------ 将差分曼码数据输进 9 位移位寄存器 --------------------------

reg         [7:0]Shift_Buf;
reg         SyncHead;
always @( posedge Clk2x or posedge Reset )
begin
    if ( Reset )
      begin
          Shift_Buf <= 8'b0 ;
          Rx_Cunt <= 8'b0 ;
      end
    else
```

```
            begin
                Shift_Buf <= { Shift_Buf[6:0], Data_i } ;
                if ( SyncHead = =1 )Rx_Cunt <= 0;
                else Rx_Cunt <= Rx_Cunt + 1'b1 ;
        end
end
//----------------- 从移位寄存器中检测 8 位同步头 -------------------------

parameter   SyncPattern_1 = 8'b0011_1010;
parameter   SyncPattern_2 = =8'b1100_0101;
always @( posedge Clk2x or posedge Reset )
begin
    if ( Reset ) SyncHead <= 1'b0 ;
    else SyncHead <= ((Shift_Buf[7:0] = = SyncPattern_1)||( Shift_Buf[7:0] = =
                   SyncPattern_2))? 1: 0;
end


//----------------- 找到同步头后置起数据有效标志 Frame_Sync -----------------
reg       Frame_Sync;
always @( posedge Clk2x or posedge Reset )
begin
    if ( Reset ) Frame_Sync <= 1'b0;
    else if ( SyncHead ) Frame_Sync <= 1'b1;
    else if ( Rx_Cunt = = 242 ) Frame_Sync <= 1'b0;   // 在第 15 个字节结束时清 Frame_Sync
end


//------------------- 将差分曼码解编成串行 NRZ 码 --------------------------

reg       CmdBit_out;

always @ ( posedge Clk2x or posedge Reset)
begin
    if ( Reset )CmdBit_out <= 0;                 //检测移位寄存器 Shift_Buf [2:0]
    else
       case ( Shift_Buf [2:0])
          3'b100 : CmdBit_out <= 1;
          3'b001 : CmdBit_out <= 1;
          3'b011 : CmdBit_out <= 1;
          3'b110 : CmdBit_out <= 1;

          3'b101 : CmdBit_out <= 0;
```

```
        3'b010 : CmdBit_out <= 0;
    endcase
end
```

//------------------- 将串行 NRZ 码转换成并行 NRZ 码 -------------------------

```
reg     [7:0]Cmd_Buf;
always @ ( posedge Clk2x or posedge Reset)         // 将译码后的 NRZ 码存进 Cmd_Buf.
begin
    if ( Reset ) Cmd_Buf <= 8'b0;
    else if ( Frame_Sync == 1  && Rx_Cunt[0] == 1 ) Cmd_Buf <= { Cmd_Buf[6:0], CmdBit_
out };
end
```

//----------------------- 保存接收到的 15 个字节 -----------------------------

```
always @ ( posedge Clk2x or posedge Reset )
begin
    if ( Reset )
      begin
          CmdData[1]  <= 0;
          CmdData[2]  <= 0;
          CmdData[3]  <= 0;
          CmdData[4]  <= 0;
          CmdData[5]  <= 0;
          CmdData[6]  <= 0;
          CmdData[7]  <= 0;
          CmdData[8]  <= 0;
          CmdData[9]  <= 0;
          CmdData[10] <= 0;
          CmdData[11] <= 0;
          CmdData[12] <= 0;
          CmdData[13] <= 0;
          CmdData[14] <= 0;
          CmdData[15] <= 0;
      end
    else
      case ( Rx_Cunt )
          16:  CmdData[1]  <= Cmd_Buf;
          32:  CmdData[2]  <= Cmd_Buf;
          48:  CmdData[3]  <= Cmd_Buf;
```

```
            64:   CmdData[4]  < = Cmd_Buf;
            80:   CmdData[5]  < = Cmd_Buf;
            96:   CmdData[6]  < = Cmd_Buf;
            112:  CmdData[7]  < = Cmd_Buf;
            128:  CmdData[8]  < = Cmd_Buf;
            144:  CmdData[9]  < = Cmd_Buf;
            160:  CmdData[10] < = Cmd_Buf;
            176:  CmdData[11] < = Cmd_Buf;
            192:  CmdData[12] < = Cmd_Buf;
            208:  CmdData[13] < = Cmd_Buf;
            224:  CmdData[14] < = Cmd_Buf;
            240:  CmdData[15] < = Cmd_Buf;          //第 15 个字节是 CRC 字节
        endcase
end
endmodule
```

2. 仿真激励程序

```
`timescale 1ns /1ps
/****************************************************************
*********************
    此 testbench 是 CM_Rx 的仿真激励程序,含同步头发送和差分曼码编码功能。
****************************************************************
********************* /
module testbench;
reg       Reset;
reg       Clk2x;              //接收时钟
reg       Tx_Clk;            //发送时钟

wire      Frame_o;
wire      [7:0]CmdData[1:15];
wire      [7:0]Rx_Cunt;

CM_Rx   CM_Rx_0 (
        .Reset( Reset ),
        .Clk2x( Clk2x ),
        .Data_i( Frame_o ),
        .CmdData({ CmdData[1], CmdData[2], CmdData[3], CmdData[4], CmdData[5],
                   CmdData[6],CmdData[7], CmdData[8], CmdData[9], CmdData[10],
```

```
                    CmdData[11], CmdData[12], CmdData[13], CmdData[14], CmdData[15]}),
          .Rx_Cunt( Rx_Cunt )
          );


//-------------------------------- 定义输入信号 ----------------------------


initial begin
    Clk2x = 0;
    Tx_Clk = 0;
end
always #(15) Clk2x = ~Clk2x;
always #(15) Tx_Clk = ~Tx_Clk;


initial begin
    Reset = 1;
    #50;
    Reset = 0;
end


//-----------------------------------------------------------------------
reg      [7:0]Head_Buf;                    // 8 位同步头
reg      [119:0]Tx_Buf;                    // 发送缓冲器,包括 CRC 字节。
wire     Tx_Buf_MSB = Tx_Buf[119];
reg      [7:0]Tx_Cunt;                     //发送计数器
reg      Data_o;
wire     Head_o;
assign   Head_o = Head_Buf[7];             //以 32.768 MHz 频率发送头段
parameter  HeadPattern_1 = 8'b1100_0101;   //定义同步头码序
parameter  HeadPattern_2 = 8'b0011_1010;


//-------------------- Tx_Count 自由计数, 开始发送时序 --------------------


always @( posedge Tx_Clk or posedge Reset )
begin
    if( Reset )Tx_Cunt <= 0;
    else Tx_Cunt <= Tx_Cunt + 1;
end


//-------------------- 设置 Tx_Head 发送控制信号 -------------------------


reg      Tx_Head;
```

```verilog
always @( posedge Tx_Clk or posedge Reset )
begin
    if( Reset ) Tx_Head <= 1'b0;
    else if( Tx_Cunt == 0 ) Tx_Head <= 1;
    else if( Tx_Cunt == 8 ) Tx_Head <= 0;
end
assign  Frame_o = ( Tx_Head == 1 )? Head_o : Data_o;
//Tx_Head 用来选择发送 Head 还是 Data


//-------------------- 利用 Tx_Cunt 控制发送同步头或数据 -----------------

always @( posedge Tx_Clk or posedge Reset )
begin
    if( Reset ) Head_Buf <= 8'b0;
    else if( Tx_Cunt == 0 && Tx_Head == 0 ) Head_Buf <= ( Frame_o )? HeadPattern_2:
HeadPattern_1 ;
    else repeat( 8 )Head_Buf <= Head_Buf << 1;
end

//----------------------- 加载和移位输出 NRZ 数据 -----------------------

always @( negedge Tx_Clk or posedge Reset )
begin
    if( Reset )    Tx_Buf <= 120'b0;
    else if( Tx_Cunt == 6 )              //选择加载待发送的测试数据
        begin
            Tx_Buf <= { 112'h 54_11_22_33_44_55_66_77_88_99_aa_bb_cc_ff, 8'h55 };
        end
    else if( Tx_Cunt > 8 && Tx_Cunt[0] == 0 ) Tx_Buf <= Tx_Buf << 1;
end

//---------------------------- 执行差分曼码编码 ----------------------------

always @( posedge Tx_Clk or posedge Reset )
begin
if ( Reset ) Data_o <= 0;
    else if( Tx_Cunt[0] == 0 )
        begin
            if( Tx_Buf_MSB == 0 ) Data_o <= ~Frame_o; //决定数据位边沿是否需要翻转极性
            else Data_o <=   Frame_o ;
```

```
        end
    else if( Tx_Cunt[0] = = 1 ) Data_o < = ~Frame_o;     //在数据位的中心位置总是翻转极性
end


endmodule
```

3. CM_Rx 的仿真波形

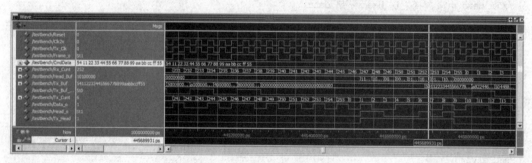

图 8.1　差分曼码接收的仿真波形

8.2　锁相环 PLL

对照图 2.16,鲁棒锁相环 PLL 电路的 verilog 设计如下。

```
`timescale 1ns /100ps
/***********************************************************
****************************
    鲁棒鉴相器(Bang - Bang Phase Detector)
************************************************************
****************************/
module BB_PLL (
input     data_i,                //输入数据流
input     reset,
input     clk,                   //VCXO 输出的clk
output    data_o,
output    reg mkclkslower,
output    reg mkclkfaster
);


reg       a, b, t, ta;
```

```verilog
reg        up, down;
assign     data_o = ta;


//-------------------------------------------------------------------
//      Standard Bang - Bang Phase Detector
//-------------------------------------------------------------------

always@(negedge clk or posedge reset)        // 注意是用恢复时钟的下降沿采样数据
    if(reset) ta <= 0;
    else   ta <= data_i;

always@(posedge clk or posedge reset)
    if(reset)
        begin
            a <= 0;
            b <= 0;
            t <= 0;
        end
    else
        begin
            b <= data_i;
            a <= b;
            t <= ta;
        end


//-------------------------------------------------------------------
// Decode phase detector outputs
//-------------------------------------------------------------------

always@(a or b or t)
    case({a,t,b})
    3'b000 :
        begin               // no trans
            up = 0;
            down = 0;
        end
    3'b001 :
        begin               // too fast
            up = 0;
            down = 1;
        end
```

```
    3'b010 :
        begin               // invalid
            up = 1;
            down = 1;
        end
    3'b011 :
        begin               // too slow
            up = 1;
            down = 0;
        end
    3'b100 :
        begin               // too slow
            up = 1;
            down = 0;
        end
    3'b101 :
        begin               // invalid
            up = 1;
            down = 1;
        end
    3'b110 :
        begin               // too fast
            up = 0;
            down = 1;
        end
    3'b111 :
        begin               // no trans
            up = 0;
            down = 0;
        end
    endcase


//------------------------------------------------------------------
//   Count up clkleadscnt and clklagscnt
//------------------------------------------------------------------

always@( posedge clk or posedge reset )
begin
    if(reset)
        begin
            mkclkslower <=  0;
```

```
                mkclkfaster <= 0;
        end


    else if ( up & !down )
        begin
            mkclkslower <= 1;
            mkclkfaster <= 0;
        end

else if ( down & !up )
        begin
            mkclkfaster <= 1;
            mkclkslower <= 0;
        end

else
        begin
            mkclkfaster <= 0;
            mkclkslower <= 0;
        end
end

endmodule
```

8.3　CRC8 码的生成和校验

　　地震仪的数据帧含 16 个字节,除第 1 个字节同步头外,后面的 15 个字节中的 14 个字节是数据,第 15 个字节是 CRC 校验字节。利用 CRC 进行检错的过程可简单描述为:在发送端根据需要传送的 m 位二进制码序列,以一定的规则产生一个校验用的 n 位监督码(CRCn 码),附在原始信息后边,构成的新的二进制码序列数共 m+n 位,然后发送出去。在接收端,根据信息码和 CRC 码之间所遵循的规则进行检验,以确定传送中是否出错。

　　在代数编码理论中,将一个码组表示为一个多项式,码组中各码元当作多项式的系数。8 位 CRC 码的多项式表达为 $x8+x5+x4+1$。

　　图 8.2 中的 8 位移位寄存器是 CRC 编码器。其工作原理是,在编码前先将 CRC 寄存器组置成 hff。Data_i 端接准备发送的串行数据,CLK 是移位时钟,同时也是串行数据的发送时钟。所以 CRC 码的生成是与数据码的发送同时进行的。当串行数据码全部发送完后,8 位 CRC 寄存器中的值就是最终生成的 CRC 校验码。发送控制电路在数据码发

送完毕时立即切换发送多路开关,把 CRC 寄存器中的 8 位 CRC 码紧跟着最后一位数据码发送出去。

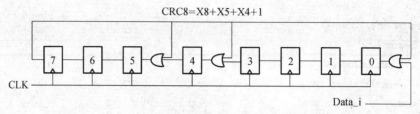

图 8.2　CRC 编码器

在接收端使用同样一组寄存器,执行 CRC 校验前先将寄存器组置成 hff。然后用每个 CLK 输入一位串行数据码,当串行数据码和跟在尾部的 CRC 码全部输完后,如果串行数据流没有错误,此时 CRC 寄存器中的值为 00h。

数据帧发送控制电路原理框图如图 8.3 所示。地震仪数据帧总长 16 字节,数据发送的顺序是:1 个字节同步头,中间 14 个字节是有效数据,最后 1 个字节是 14 个字节的 CRC8 校验码。发送电路中有 2 个选择开关:MUX1 和 MUX2,控制电路按上述次序发送一帧 16 个字节。

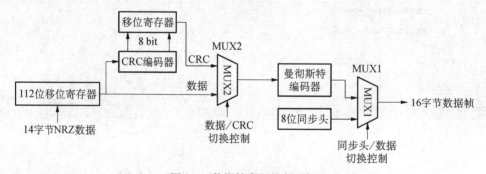

图 8.3　数据帧发送控制逻辑

1. CRC 码生成和发送

(1) Test_CRC8_Tx.v 是生成和发送 CRC8 码的 HDL 例子。

```
~timescale 1ns /1ps
/*************************************************************
*****************************
    本模块测试发送 112 位串行 NRZ 数据时生成 CRC8 校验码功能。测试模块发送 8 位同步头,14 个有效字节。
    第 15 个字节等于 h55,在发送时将被模块生成的 CRC_tx 取代。
    仿真波形观察在 Tx_Cunt = 230 时的 CRC_tx 加载进 CRC_Buf。Tx_Cunt = 232 时才开始移位输出。
```

```
*************************************************************
*****************************/
module Test_CRC8_Tx (

input       Tx_Clk,
input       Reset,

output      reg Send_CRC,
output      reg[7:0]Tx_Cunt,
output      reg [7:0]CRC_tx,              // 生成的 112 位 NRZ 码的 CRC8 码
output      reg [7:0]CRC_Buf,
output      lvds_o_p,                     // LVDS 输出 +
output      lvds_o_n                      // LVDS 输出 -
);

always @( posedge Tx_Clk or posedge Reset )
Begin
    if( Reset )Tx_Cunt <= 0;
    else Tx_Cunt <= Tx_Cunt + 1;
end


// LVDS 发送器
OUTBUF_LVDS OUTBUF_LVDS_1( .D( Frame_o ), .PADP( lvds_o_p ), .PADN( lvds_o_n ));

//---------------------- 设置 Tx_Head 发送控制信号 ----------------------------

parameter   HeadPattern_1 = 8'b1100_0101;       // 头段码序
parameter   HeadPattern_2 = 8'b0011_1010;       // 头段码序

reg         [7:0]Head_Buf;
wire        Head_o;
assign      Head_o = Head_Buf[7];

reg         Tx_Head;
reg         Data_o;
wire        Frame_o;

always @( posedge Tx_Clk or posedge Reset )
begin
    if( Reset ) Tx_Head <= 1'b0;
    else if( Tx_Cunt == 0 ) Tx_Head <= 1;
```

```verilog
            else if( Tx_Cunt = = 8 ) Tx_Head < = 0;
end


// Tx_Head 用来选择发送 Head 还是 Data
assign    Frame_o = ( Tx_Head = = 1 )? Head_o : Data_o;


// ----------------- 利用 Tx_Cunt 控制发送同步头或数据 --------------------

always @( posedge Tx_Clk or posedge Reset )
begin
    if( Reset ) Head_Buf < = 8'b0;

    else if( Tx_Cunt = = 0 && Tx_Head = = 0 ) Head_Buf < = ( Frame_o )?  HeadPattern_2:
                                                                        HeadPattern_1 ;
else repeat( 8 )Head_Buf < = Head_Buf << 1;
end


//------------------- 加载和输出 112 位 NRZ 数据-------------------------------

reg       [119:0]Tx_Buf;
wire      Tx_Buf_MSB = Tx_Buf[119];
always @( negedge Tx_Clk or posedge Reset )        // 注意是下降沿
begin
    if( Reset )    Tx_Buf < = 120'b0;
    else if( Tx_Cunt = = 6 )
        begin
             Tx_Buf < = { 112'h 54_11_22_33_44_55_66_77_88_99_aa_bb_cc_ff, 8'h55 };
                                            // 正确 CRC = 67
        end
    else if( Tx_Cunt > 6 && Tx_Cunt[0] = = 0 ) Tx_Buf < = Tx_Buf << 1;
                                       // 实际在 Tx_Cunt = 偶数 8 才开始移位
end

// ----------------- 生成 CRC 校验码字节 --------------------------------------

reg       [7:0]CRC_tx;
reg       [7:0]CRC_Buf;
wire      CRC_MSB = CRC_Buf[7];
wire      Tx_CRC_FB = CRC_tx[7] ^ Tx_Buf_MSB;


always @( negedge Tx_Clk or posedge Reset )        // 注意是下降沿
begin
```

```verilog
    if ( Reset ) CRC_tx <= 8'hFF;
    else if( Tx_Cunt = = 6 ) CRC_tx <= 8'hFF;        // 必须设置成 ff
    else if( Tx_Cunt[0] = = 0 )                      // Tx_Cunt = 偶数 8 才开始生成校验码
        begin
            CRC_tx[0] <= Tx_CRC_FB;
            CRC_tx[1] <= CRC_tx[0];
            CRC_tx[2] <= CRC_tx[1];
            CRC_tx[3] <= CRC_tx[2];
            CRC_tx[4] <= CRC_tx[3] ^ Tx_CRC_FB;
            CRC_tx[5] <= CRC_tx[4] ^ Tx_CRC_FB;
            CRC_tx[6] <= CRC_tx[5];
            CRC_tx[7] <= CRC_tx[6];
        end
end


// -------------------- 加载和输出 CRC 码 --------------------------------

always @( posedge Tx_Clk or posedge Reset )
begin
    if( Reset ) CRC_Buf <= 8'hff;
    else if( Tx_Cunt = = 230 ) CRC_Buf <= CRC_tx;
                                // 第 14 个字节结束(112 位)得到 CRC 校验码
    else if ( Tx_Cunt > 230 && Tx_Cunt[0] = = 0 ) CRC_Buf <= CRC_Buf << 1;
                                // 232 开始输出,(224 + 8),8 是头段
end

// -------------------- 定义 CRC 发送窗口 --------------------------------

reg    Send_CRC;

always @( posedge Tx_Clk or posedge Reset )
begin
    if( Reset ) Send_CRC <= 0;
    else if( Tx_Cunt = = 230 )Send_CRC <= 1;
    else if( Tx_Cunt = = 246 )Send_CRC <= 0;
end

// -------------------- 切换移位寄存器输出 --------------------------------

reg    Tx_Buf_MSB_2;
```

```verilog
always @( posedge Tx_Clk or posedge Reset )
begin
    if( Reset ) Tx_Buf_MSB_2 <= 0;
    else if( Tx_Cunt[0] == 0 ) Tx_Buf_MSB_2 <= Tx_Buf_MSB;
end


assign  Tx_Data_b = ( Send_CRC ) ? CRC_MSB : Tx_Buf_MSB_2;

//----------- 进行差分曼码编码 -----------------------------------------------

always @( posedge Tx_Clk or posedge Reset )
begin
    if ( Reset ) Data_o <= 0;
    else if( Tx_Cunt[0] == 0 )
        begin
            if( Tx_Data_b == 0 ) Data_o <= ~Frame_o; //决定数据位边沿是否需要翻转极性
            else Data_o <=   Frame_o ;
        end
    else if( Tx_Cunt[0] == 1 ) Data_o <= ~Frame_o; //在数据位的中心位置总是翻转极性
end


endmodule
```

（2）Test_CRC8_Tx 的仿真激励程序

```verilog
`timescale 1ns /1ps
/**********************************************************
*****
    测试 CRC8_Tx120 的仿真激励文件
***********************************************************
*****/
module testbench;
reg       Tx_Clk;
reg       Reset;
wire      Send_CRC;
wire      [7:0]Tx_Cunt;
wire      [7:0]CRC_tx;
wire      [7:0]CRC_Buf;
wire      lvds_o_p;
wire      lvds_o_n;
```

```
Test_CRC8_Tx120  Test_CRC8_Tx120_0(
        .Tx_Clk( Tx_Clk ),
        .Reset( Reset ),
        .Tx_Cunt( Tx_Cunt ),
        .CRC_tx( CRC_tx ),
        .CRC_Buf( CRC_Buf ),
        .Send_CRC( Send_CRC ),
        .lvds_o_p( lvds_o_p ),
        .lvds_o_n( lvds_o_n )
);

//--------------- Setup input signal ------------------------------

initial
    begin
        Tx_Clk = 0;
    end
always #(15) Tx_Clk = ~Tx_Clk;

initial
    begin
        Reset = 1;
        # 50;
        Reset = 0;
    end

endmodule
```

（3）Test_CRC8_Tx 的仿真波形

图 8.4 是 Test_CRC8_Tx 的仿真波形。模块发送同步头，14 个有效字节，第 15 个字节等于 h55，在发送时将被模块生成的 CRC_tx 取代。正确的 CRC8 校验码是 67。注意观察仿真波形在 Tx_Cunt＝230 时的 CRC_tx 加载进 CRC_Buf。Tx_Cunt＝232 时才开始移位输出。

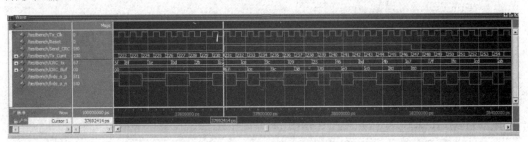

图 8.4　CRC8 发送的仿真波形

2. CRC 接收校验

(1) 接收 120 位数据帧执行 CRC8 校验的程序如下：

```
`timescale 1ns /1ps
/*************************************************
*******************************
本模块用于测试接收 120 位串行 NRZ 数据时进行 CRC8 校验。测试模块发送的数据帧中含有同步
头,14 个有效字节和 1 个 CRC 字节。如果无错,在 Rx_Cunt = 239 时 CRC_rx = 0,并且接收到的数据
与发送的数据一致。综合有 1 个警告信息。
*************************************************
****************************** /
module Test_CRC8_Rx(

input    Reset,
input    Clk2xG,
input    Data_i,

output  reg[7:0]CmdData[1:15],        //14 个命令参数字节,第 15 个字节是 CRC 校验码
output  reg Frame_Sync,
output  reg [7:0]Rx_Cunt,
output  reg [7:0]CRC_rx
);


//------------------- 将恢复的数据输进 16 位的移位寄存器移位 --------------------

reg     [7:0]Shift_Buf;
reg     SyncHead;

always @( posedge Clk2xG or posedge Reset )
begin
    if ( Reset )
      begin
        Shift_Buf <= 8'b0 ;
        Rx_Cunt <= 8'b0 ;
      end
    else
      begin
        Shift_Buf <= { Shift_Buf[6:0], Data_i } ;
        if ( SyncHead = = 1 )Rx_Cunt <= 0;
```

```
            else Rx_Cunt <= Rx_Cunt + 1'b1 ;
        end
end


//------------------ 从移位寄存器的低 16 中检测同步头 ----------------------

parameter   SyncPattern_1 = 8'b0011_1010;
parameter   SyncPattern_2 = 8'b1100_0101;

always @( posedge Clk2xG or posedge Reset )
begin
    if ( Reset ) SyncHead <= 1'b0 ;
    else SyncHead <= (( Shift_Buf[7:0] == SyncPattern_1) || ( Shift_Buf[7:0] ==
SyncPattern_2))? 1: 0;

end


//---------------- 找到同步头后置起数据有效标志 Frame_Sync ----------------------

reg        Frame_Sync;

always @( posedge Clk2xG or posedge Reset )

begin
    if ( Reset )  Frame_Sync <= 1'b0;
    else if ( SyncHead ) Frame_Sync <= 1'b1;
    else if ( Rx_Cunt == 242 ) Frame_Sync <= 1'b0;// 在第 15 个字节结束时清 Frame_Sync
end

//------------------- 将 CM 码解编成串行 NRZ 码 ------------------------------

reg     CmdBit_out;

always @ ( posedge Clk2xG or posedge Reset)
begin                                           //检测移位寄存器 Shift_Buf [2:0]
    if ( Reset )CmdBit_out <= 0;
    else
        case ( Shift_Buf [2:0])
        3'b100 : CmdBit_out <= 1;
        3'b001 : CmdBit_out <= 1;
        3'b011 : CmdBit_out <= 1;
```

```
        3'b110 : CmdBit_out < = 1;

        3'b101 : CmdBit_out < = 0;
        3'b010 : CmdBit_out < = 0;
        endcase

end

// ----------------- 检测 CRC 码 -------------------------------------------

wire CRC_FB = CRC_rx[7] ^ CmdBit_out;

always @( posedge Clk2xG or posedge Reset )
begin
    if ( Reset ) CRC_rx < = 8'hFF;
    else if( Rx_Cunt = = 0 ) CRC_rx < = 8'hFF;
    else if( Rx_Cunt[0] = = 1 )
        begin
            CRC_rx[0] < = CRC_FB;
            CRC_rx[1] < = CRC_rx[0];
            CRC_rx[2] < = CRC_rx[1];
            CRC_rx[3] < = CRC_rx[2];
            CRC_rx[4] < = CRC_rx[3] ^ CRC_FB;
            CRC_rx[5] < = CRC_rx[4] ^ CRC_FB;
            CRC_rx[6] < = CRC_rx[5];
            CRC_rx[7] < = CRC_rx[6];
        end
end

//------------------ 将串行 NRZ 码转换成并行 NRZ 码 ----------------------------

reg     [7:0]Cmd_Buf;

always @ ( posedge Clk2xG or posedge Reset)
begin
    if ( Reset ) Cmd_Buf < = 8'b0;
    else if ( Frame_Sync = = 1   && Rx_Cunt[0] = = 1 ) Cmd_Buf < = { Cmd_Buf[6:0], CmdBit_
out };
end

//--------保存接收的 15 个字节( CmdData[1] - CmdData[15]) ----------------------
```

```verilog
always @ ( posedge Clk2xG or posedge Reset )
begin
    if ( Reset )
      begin
          CmdData[1]  <= 0;
          CmdData[2]  <= 0;
          CmdData[3]  <= 0;
          CmdData[4]  <= 0;
          CmdData[5]  <= 0;
          CmdData[6]  <= 0;
          CmdData[7]  <= 0;
          CmdData[8]  <= 0;
          CmdData[9]  <= 0;
          CmdData[10] <= 0;
          CmdData[11] <= 0;
          CmdData[12] <= 0;
          CmdData[13] <= 0;
          CmdData[14] <= 0;
          CmdData[15] <= 0;
      end
    else
        case ( Rx_Cunt )
        16:   CmdData[1]  <= Cmd_Buf;
        32:   CmdData[2]  <= Cmd_Buf;
        48:   CmdData[3]  <= Cmd_Buf;
        64:   CmdData[4]  <= Cmd_Buf;
        80:   CmdData[5]  <= Cmd_Buf;
        96:   CmdData[6]  <= Cmd_Buf;
        112:  CmdData[7]  <= Cmd_Buf;
        128:  CmdData[8]  <= Cmd_Buf;
        144:  CmdData[9]  <= Cmd_Buf;
        160:  CmdData[10] <= Cmd_Buf;
        176:  CmdData[11] <= Cmd_Buf;
        192:  CmdData[12] <= Cmd_Buf;
        208:  CmdData[13] <= Cmd_Buf;
        224:  CmdData[14] <= Cmd_Buf;
        240:  CmdData[15] <= Cmd_Buf;          //第 15 个字节是 CRC 字节
        endcase
end

endmodule
```

（2）Test_CRC8_Rx 仿真激励模块如下。

```verilog
`timescale 1ns /1ps
/*******************************************************
*****************************
   此 testbench 是 Test_CRC8_Rx 的仿真激励文件。发送 15 个数据,最后一个字节是 CRC 码。
*******************************************************
*************************** /
module testbench;
 //Inputs
reg      Reset;
reg      Clk2xG;

 //Outputs
wire     Frame_o;
wire     [7:0]CmdData[1:15];
wire     Frame_Sync;
wire     [7:0]Rx_Cunt;
wire     [7:0]CRC_rx;
Test_CRC8_Rx Test_CRC8_Rx_0 (
       .Reset( Reset ),
       .Clk2xG( Clk2xG ),
       .Data_i( Frame_o ),
       .Rx_Cunt( Rx_Cunt ),
       .CmdData( { CmdData[1], CmdData[2], CmdData[3], CmdData[4], CmdData[5], CmdData[6],
               CmdData[7], CmdData[8], CmdData[9], CmdData[10], CmdData[11],
               CmdData[12], CmdData[13], CmdData[14], CmdData[15] } ),
       .Frame_Sync( Frame_Sync ),
       .CRC_rx( CRC_rx )
       );

//----------------------- 设置输入信号 -----------------------------------

initial
begin
    Clk2xG = 0;
end
always #(15) Clk2xG = ~Clk2xG;

initial begin
    Reset = 1;
```

```verilog
    # 50;
    Reset = 0;
end


//------------------------- 定义发送寄存器 ------------------------------

reg      [7:0]Head_Buf ;
reg      [119:0]Tx_Buf ;              // 发送 120 位 NRZ 数据
reg      [7:0]Tx_Cunt;
reg      Tx_Head;
reg      Data_o;

//------------------------ Tx_Cunt 自由计数 ------------------------

always @( posedge Clk2xG or posedge Reset )
begin
    if( Reset )Tx_Cunt < = 0;
    else Tx_Cunt < = Tx_Cunt + 1;
end

//---------------------- 定义同步头发送窗口 ------------------------------

always @( posedge Clk2xG or posedge Reset )
begin
    if( Reset ) Tx_Head < = 1'b0;
    else if( Tx_Cunt = = 0 ) Tx_Head < = 1;
    else if( Tx_Cunt = = 8 ) Tx_Head < = 0;
end

wire    Data_inb = Tx_Buf[119];
wire    Head_o = Head_Buf[7];
assign  Frame_o = ( Tx_Head = = 1 )? Head_o : Data_o;

//--------------------- 发送同步头 --------------------------------------

parameter  SyncPattern_1 = 8'b0011_1010;
parameter  SyncPattern_2 = 8'b1100_0101;

always @( posedge Clk2xG or posedge Reset )
begin
    if( Reset ) Head_Buf < = 8'b0;
```

```
    else if( Tx_Cunt = = 0 && Tx_Head = = 0 ) Head_Buf < = ( Frame_o )? SyncPattern_1:
SyncPattern_2;
    else repeat( 8 )Head_Buf < = Head_Buf << 1;
end


//--------- 交替发送 2 组数据帧,第一组的 CRC 正确,第二组的 CRC 错误 ---------
always @( negedge Clk2xG or posedge Reset )
begin
    if( Reset )Tx_Buf < = 120'b0;
    else if( Tx_Cunt = = 0 )Tx_Buf < = 120'h5411_2233_4455_6677_8899_aabb_ccff_67;
    else if( Tx_Cunt > 8 && Tx_Cunt[0] = = 0 ) Tx_Buf < = Tx_Buf << 1;
end

//-------------------------- 发送数据 --------------------------------

always @( posedge Clk2xG or posedge Reset )
begin
    if ( Reset ) Data_o < = 0;
    else if( Tx_Cunt[0] = = 0 )
        begin
            if( Data_inb = = 0 ) Data_o < = ～Frame_o; //决定数据位边沿是否需要翻转极性
            else Data_o < =   Frame_o ;
        end
    else if( Tx_Cunt[0] = = 1 ) Data_o < = ～Frame_o;       //在数据位的中心位置总是翻转极性
end

endmodule
```

（3）Test_CRC8_Rx 的仿真波形

图 8.5 是 Test_CRC8_Rx 的仿真波形。模块发送同步头,14 个有效字节,第 15 个字
节是 Test_CRC8_Tx 模块生成的 CRC8 校验码 h67。注意观察仿真波形在 Rx_Cunt＝
240 时的 CRC_rx＝h00。

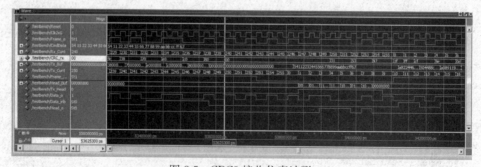

图 8.5　CRC8 接收仿真波形

8.4　有限状态机 FSM

如前所述,与采集站有关的电源站命令必须转换成采集站命令。有的一条电源站命令只需转换成一条采集站命令,而有的一条电源站命令则需要转换成数千条采集站命令。例如 a014 的 AD 同步采集,一条命令要生成 2 001 条 AD 同步子命令。再如 ha007 的"读采集站数据"的电源站命令中的 word3 指定读数次数,仅一次采样(word3=1)就需要发送 128 条采集站命令(一个 h57 加 127 个 h58 命令)。如要采集 1 000 个样点数据(1 秒),就需要生成 128 000 条命令。如果把这个转换任务交给交叉站或电源站的 CPU 去执行,必然增加 CPU 的负荷,取代的方法是采用有限状态机(FSM)来完成。

交叉站和电源站的设计中采用了米勒型状态机。米勒状态机的特点是其输出由当前状态和输入条件共同决定。图 8.6 是米勒状态机的原理框图。

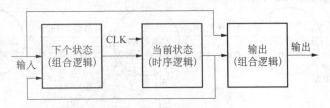

图 8.6　状态机结构原理

状态机程序结构由两部分组成,第一部分是状态转移条件的判断和操作,第二部分是执行状态的转移。状态转移条件的判断用组合逻辑实现,而状态转移用寄存器实现(时序逻辑),写程序分别用两个 always block 实现所需的操作。

状态码有二进制、格雷码和 One-hot 码(独热码)等几种。One-hot 码对任何给定的状态只有 1 位发生变化,所以如果有 n 个状态就需要 n 个触发器。One-hot 的优点是速度快,编程简单;缺点是寄存器用量比二进制多,但这在 FPGA 中不是问题,因为 FPGA 中寄存器资源充足。

图 8.7 是交叉站的状态机的状态转移图。图中有 6 个状态(S0~S5),不同的电源站命令使状态机在这 6 个状态之间相互转换。该状态机的输入是:交叉站命令的 CMD_Data[2](这是状态转换的必要条件),还有采样长度 Length,同步道数 SYN_Len,混合站状态 SetDYZ。状态机的输出是:新的采集站命令码 CJZ_Cmd,采样序列号 CJZ_Tx_cunt,AD 同步序号 SYN_Len_cunt。各状态之间转换的关系如下:

S0:是初始状态,没有接收到任何有效转移参数时就在此状态循环。CJZ_Cmd 输出采集站空操作指令 NOP(h50)。

S1:当命令帧的 CMD_Data[2]=h0a 时,从状态 S0 转到 S1,CJZ_Cmd 输出采集站定向命令 h5a,随即跳回 S0。

S2:当命令帧的 CMD_Data[2]=h04 时,从状态 S0 跳转到 S2,CJZ_Cmd 输出采集

站 MCU 命令 h54，随即跳回 S0。

S3：当命令帧的 CMD_Data[2]＝h07 时，从状态 S0 跳转到 S3，CJZ_Cmd 先输出数据采集命令 h57，同时在命令帧的 word6 中放进采样序列号 FDU_Tx_cunt，然后跳转到 S4。

S4：此状态输出空帧命令 h58，并且循环输出 127 次，然后重新回到 S3。如果 S3 还没有循环完参数 Length 指定的次数就重复上述的 S3→S4 的过程。当 S3 的循环次数等于输入参数 Length 时，返回到 S0。

S5：当电源站命令帧的 CMD_Data[2]＝h14，同时 SetDYZ＝0（设置成交叉站功能），跳转到 S5，状态机输出 2 000 条（SYN_Len）条 AD 同步命令（ha100，05c1，word3，word4，…）。命令中的 SYN_Len_cunt(word7)从输入参数 SYN_Len(2 000)开始，逐次减 1，直到 SYN_Len_cunt＝1 时结束，然后跳转到 S0 状态。交叉站的 CPU 检测到 CJZ_Cmd＝h50（表示 2 000 条同步子命令已经发送完）后发送 req_Data 命令 ha007。状态机检测到 CMD_Data[2]＝h07 转移参数时跳转到 S3，执行上述 S3 和 S4 的状态转换操作，开始数据采集。

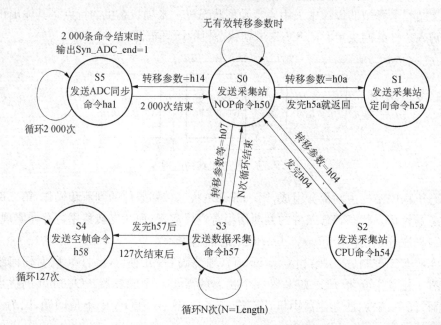

图 8.7　交叉站状态机的状态转移图

下面是 FSM 的实际设计，仿真激励模块 testbench 用来检查状态机的上述功能。在发送 a007 命令时为便于观察仿真波形，开放注释的语句，一次采样 5 个采集站，采样 4 次（Length＝4）。

1. FSM 主程序

```
`timescale 1ns /1ps
/*******************************************************************
*****************************
```

状态机程序,接收电源站命令中的转移参数,生成对应的采集站命令。

模块输入变量:

    Set_DYZ ----- 混合功能站设置状态

    FSM_Cmd----- 状态机转移条件

    Length ------ 指定采集长度

    SYN_Len-- 指定最大同步道数

模块有输出变量:

    CJZ_Cmd----- 输出 FSM 生成的命令码

    AD_Data_cnt-- 输出采样序列号

    SYN_Len_cnt-- 输出 AD 同步的 GLOB_No

  AD 同步命令是:a014,05c1,Length,SYN_len,...

FSM 将其转换成 SYN_len 条 a100,05c1,... 命令串。

****

****************************** /

```verilog
module CX_FSM(
//input
input    Reset,
Input    Set_DYZ,
input    [7:0]FSM_Cmd,              //状态机转移码
input    [15:0]Length,              //采集时间长度
input    [15:0]SYN_Len,             //指定要求测线同步的道数,暂定 2000 道
input    FSM_Clk,


//output
output   reg[7:0]CJZ_Cmd,           //输出采集站命令码
output   reg[15:0]AD_Data_cnt,      //输出采样时间序列号
output   reg[15:0]SYN_Len_cnt       //输出 AD 同步序列码,即各站点的 GLOB_No
);


//定义 FSM 输出的命令码,用 parameter 说明易于修改


parameter [7:0]
NOP_code          = 8'h 50,     //采集站空操作命令码
MCU_Cmd_code      = 8'h 54,     //采集站 8051 操作命令码
req_Data_code     = 8'h 57,     //采集站数据采集命令码(读 8051 数据)
Empty_Cell_code   = 8'h 58,     //采集站空帧命令码
Set_Act_code      = 8'h 5a,     //采集站定向命令吗
Syn_ADC_code      = 8'h a1;     //采集站全局 AD 同步命令码


//定义状态的符号名称
```

```
parameter [2:0]    //说明每个状态在 One-hot 状态编码中是第几位

S0 = 0,            //NOP   状态在 P_state 和 N_state 的 0 位
S1 = 1,            //Set_Act
S2 = 2,            //MCU_Cmd
S3 = 3,            //req_Data
S4 = 4,            //MCU_Cmd
S5 = 5;            //SYNCMD
```

//定义当前状态和下一状态变量,必须在 parameter 立即定义。

```
reg [5:0] P_state;         //当前状态
reg [5:0] N_state;         //下一个状态
reg [7:0] Next_Out;        //下一个输出的 FSM 命令码
reg [7:0] Cell_Cunt;       //空帧计数器
reg [15:0] Length_Cunt;    //采样长度计数器
reg [15:0] Syn_ADC_Cunt;   //ADC 同步同步序号计数器
```

/*   状态机的第一个 always block 是组合逻辑(多路选择器),描述状态向量相互之间转移的逻辑
     关系.本例是一个米勒状态机,状态转移的条件是当前状态 P_state 和若干其他输入条件,包
     括: FSM_Cmd,Length,Cell_Cunt,Length_Cunt,Syn_ADC_Cunt.FSM_Cmd 是电源站命令中的 CMD_
     data[2],是状态机的主要转移条件. */

```
always @ ( P_state or FSM_Cmd or Length or Cell_Cunt or Length_Cunt or Syn_ADC_Cunt or Set_
DYZ)
begin
    N_state = 6'b0;        //必须给 N_state 一个默认值
    Next_Out = 8'bx;       //必须给 Next_Out 一个默认值.这两句如果删除会有许多警告信息。

    case ( 1'b1 )
    P_state[S0]:           //以下语句描述状态向量的转移关系
        begin
            Next_Out = NOP_code;                              //进入 NOP 状态
            if    (FSM_Cmd == 8'h0a) N_state[S1] = 1'b1;      //进入 Set_Act   状态
            else if(FSM_Cmd == 8'h04) N_state[S2] = 1'b1;     //进入 MCU_Cmd   状态
            else if(FSM_Cmd == 8'h07) N_state[S3] = 1'b1;     //进入 req_Data 状态
            else if(FSM_Cmd == 8'h14 && Set_DYZ == 0)N_state[S5] = 1'b1; //进入 Syn_ADC 状态
            else N_state[S0] = 1'b1;                          //没有有效转移参数时就在 S0 循环
        end

//------- 状态 1 发送 h5a 命令 ------------------------
```

```
        P_state[S1]:
            begin
                Next_Out =    Set_Act_code;              //发送采集站定向命令5a
                N_state[S0] = 1'b1;                      //无条件返回到 NOP 状态
            end

//------- 状态 2 发送 h54 命令 -------------------------
    P_state[S2]:
        begin
            Next_Out = MCU_Cmd_code ;      //发送 CPU 命令 54
            N_state[S0] = 1'b1;            //无条件返回 NOP 状态
        end

//------- 状态 3 发送 h57 命令 -------------------------

    P_state[S3]:
        begin
            Next_Out = req_Data_code ;     //发送读 CPU 数据命令 57
            N_state[S4] = 1'b1;            //无条件转移到发送空帧命令
        end

/*   Cell_Cunt 定义跟在 57 后面 58 空帧的个数,1 个 57 加 127 个 58 刚好 1 ms. 输出的实际 58 数
     比 Cell_Cunt 多 1 个,所以 127 应该用 126. 仿真发现最后 1 个 58 后面还插了一个空操作命令
     50,所以最后应该用 125. */

//------ 状态 4 发送 h58 命令 --------------------------

    P_state[S4]:
        begin
            Next_Out = Empty_Cell_code;            //发送空帧命令
            if( Length_Cunt = = Length + 1 ) N_state[S0] = 1'b1;
                                                   //采集长度 + 1 完成后退出到 NOP
//          else if( Cell_Cunt = = 126 ) N_state[S3] = 1'b1; //正常使用时用 126
            else if( Cell_Cunt = = 4 ) N_state[S3] = 1'b1;
                                       //此句仅用于仿真,注意 127 行和 164 行对应。
            else  N_state[S4] = 1'b1;                  //没满 127 个 h58,继续发送 h58
        end

//----------- 发送同步 AD 命令,需循环发送 a1 命令,直到 Syn_ADC_Cunt = 0 为止 -----------
```

```verilog
        P_state[S5]:
            begin
                Next_Out = Syn_ADC_code;                    //输出 AD 同步子命令 a1....
                if( Syn_ADC_Cunt = = 1 ) N_state[S0] = 1'b1;    //同步序列结束后,退出到 NOP
                else   N_state[S5] = 1'b1;                   //没满 SYN_Len 条,继续循环发送本命令
            end
    endcase
end


// ＊＊＊＊＊＊＊＊＊＊＊＊ 第二个 always block 执行状态转移,是时序逻辑 ＊＊＊＊＊＊＊＊＊＊＊＊
＊＊＊＊＊＊＊
//      FSKM_Clk 的时钟周期是 7.8us,也就是 1 帧的时间.1 ms 有 128 个 FSM_Clk。

always @ (posedge FSM_Clk or posedge Reset)
begin
    if (Reset)P_state <= 1'b1 << S0;
    else   P_state <= N_state;
end


//--------------- 进入数据采集 h57, h58 命令链循环 ---------------
always @ (posedge FSM_Clk or posedge Reset)
begin
    if (Reset) Cell_Cunt <= 8'b0;            //Cell_Cunt 是空帧计数
    else if ( P_state[S4] = = 1'b1 ) Cell_Cunt <= Cell_Cunt +1;
    else Cell_Cunt <= 8'h0;                  //如转移到 h57 命令状态,Cell_Cunt 清 0
end

always @ (posedge FSM_Clk or posedge Reset)
begin
    if (Reset) Length_Cunt <= 16'b0;                    //Length_Cunt 是采样长度计数
    else if( P_state[S0] = = 1'b1 ) Length_Cunt <= 16'b1;        //初始值改为 1!
// else if ( Cell_Cunt = = 125 )   Length_Cunt <= Length_Cunt +1; //此句在正常时使用
    else if ( Cell_Cunt = = 3 )   Length_Cunt <= Length_Cunt +1;
                                              //仿真用,注意 164 行和 127 行对应。
end

//--------------- 进入发送 AD 同步子命令循环 -------------------
always @ (posedge FSM_Clk or posedge Reset)
begin
    if (Reset) Syn_ADC_Cunt <= 16'b0; //Syn_ADC_Cunt 是 ADC 同步序号计数
```

```
        else if( P_state[S0] = = 1'b1 ) Syn_ADC_Cunt < = SYN_Len;  //SYN_Len 是最大同步道数
        else if( N_state[S5] = = 1'b1 ) Syn_ADC_Cunt < = Syn_ADC_Cunt - 1;  //同步道数逐次减 1
end


//----------------- 输出状态机变量 ---------------------------------

always @ (posedge FSM_Clk or posedge Reset)
begin
    if (Reset)
        begin
            AD_Data_cnt < = 0;
            CJZ_Cmd < = NOP_code;
        end
    else
        begin
            CJZ_Cmd < = Next_Out;        //输出命令码的第一个字节
            AD_Data_cnt < = Length_Cunt;  //输出采样序列号
            SYN_Len_cnt < = Syn_ADC_Cunt;  //输出 ADC 同步序号
        end
end


endmodule
```

2. FSM 的仿真激励程序

```
`timescale 1ns /1ps
/*****************************************************
*********************
  此 testbench 将 ha014 的 AD 同步命令生成 16 个 AD 同步子命令
*****************************************************
********************* /
module testbench;
//Inputs
reg      Reset;
reg      Set_DYZ;
reg      [7:0]FSM_Cmd;          //状态机转移码
reg      [15:0]Length;          //采集时间长度
reg      [15:0]SYN_Len;         //指定要求测线同步的道数,暂定 2000 道
reg      FSM_Clk;
```

```
//output
wire [7:0]CJZ_Cmd; //输出采集站命令码
wire [15:0]AD_Data_cnt; //输出采样时间序列号
wire [15:0]SYN_Len_cnt; //输出 AD 同步序列码,即各站点的 GLOB_No

CX_FSM CX_FSM_0(
 //input
 .Reset( Reset ),
 .Set_DYZ( Set_DYZ ),
 .FSM_Cmd( FSM_Cmd ),
 .Length( Length ),
 .SYN_Len( SYN_Len ),
 .FSM_Clk( FSM_Clk ),
 //output
 .CJZ_Cmd( CJZ_Cmd ),
 .AD_Data_cnt( AD_Data_cnt),
 .SYN_Len_cnt( SYN_Len_cnt)
);

//-------------- Setup input signal --------------------------------

initial
    begin
FSM_Clk = 0;
Set_DYZ = 0; //设置成交叉站功能
end

always #(60) FSM_Clk = ~FSM_Clk;

initial
    begin
Reset = 1;
#50;
Reset = 0;
    end

//--------------------------------------------------------------

reg [7:0]FSM_Cunt;
```

```verilog
always @( posedge FSM_Clk or posedge Reset )
begin
    if( Reset ) FSM_Cunt <= 8'b0;
    else FSM_Cunt <= FSM_Cunt + 1;
end


//-------------------------------------------------------------------------


always @( posedge FSM_Clk or posedge Reset )
begin
    if( Reset )
        begin
        FSM_Cmd <= 8'b0;
        SYN_Len <= 16'b0;
        end
    else if( FSM_Cunt == 1 )
        begin
        FSM_Cmd <= 8'h14;          //发送 AD 同步命令
        SYN_Len <= 16'h0010;       //同步道数 16
        end
end

endmodule
```

3. FSM 仿真波形

图 8.8 和图 8.9 是 2 种仿真波形。图 8.8 仿真将 AD 同步命令(ha014)转换成 16 条 AD 同步子命令(ha1)。而图 8.9 是仿真 1 个 h57 命令后面跟随 10 个 h58 命令。

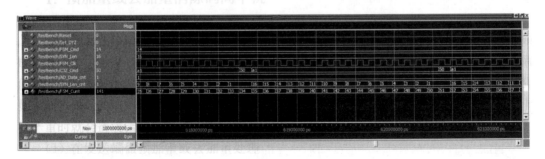

图 8.8　状态机仿真波形-1

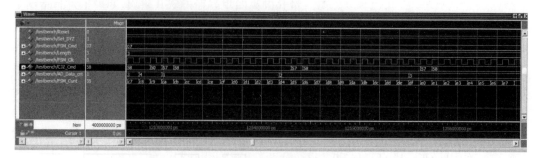

图 8.9 状态机仿真波形-2-1

8.5 交叉站/电源站读写 Local BUS 双向口

交叉站/电源站中使用的 CPU 是飞思卡(已被 NXP 收购)的 QorIQP1011,属于 Power PC 体系架构。CPU 通过 Local BUS 中的双向口和 FPGA 的通信。采用的总线操作模式是 GPCM(General Purpose Chip-select Machine)。

1. 定义 Local BUS 的接口信号

```
inout     [15:0]LBD,          //16 根数据线
    input     [4:0]LA,        //使用 5 根地址线,对应(LA30 - LA26),A31 是字节地址,不用.
    input     CPU_WE
    input     CPU_OE
    input     CPU_CS
    input     LBCTL,
```

附注:CPU 总线的大端模式和小端模式

Intel 系列的 CPU 总线是小端模式,也叫 Little-endian byte ordering,其特点是低有效字节在低地址位,高有效字节在高地址位。Power PC 架构(以及 Motorola CPU)总线是大端模式,也叫 Big-endian byte ordering,其特点是低有效字节在高地址位,高有效字节在低地址位。所以在使用大端模式总线连接外部器件时需要将地址线进行倒序,即最高位地址线与外部器件的最低地址位相连,最低地址位地址线与外部器件的最高地址位相连,其他依次连接。所以在我们的设计里地址线 A31 是字节地址,当数据线宽度设置成 16 位时,读写操作时 A31 总是 0。

HDL 设计中,在不同时间域的功能块之间传递信号和数据会发生亚稳态现象,导致通信出错。在采集站和交叉/电源站的 FPGA 设计中都有此类问题。因为 CPU(333 MHz)和 FPGA(32.768 MHz)分别工作在不同的时间域,如果不采取必要的措施就会出问题。处理的方法是设置一个中间的时间域,分别将 CPU 和 FPGA 的信号都统一到该

时间域,在交叉站/电源站中我们用了一个 clk_8x(16.384 MHz×8＝131.072 MHz)时钟
做中间频率。

2. 定义双向口

```
wire     DataCtl;
assign   DataCtl = LBCTL|CPU_CS;
reg      [15:0]Read_Data;           //CPU 读双向口的数据总线
wire     [15:0]Y;                   //CPU 写双向口的数据总线
assign   Y = LBD;
assign   LBD = ( DataCtl = = 0 )? Read_Data: 16'bzzzz_zzzz_zzzz_zzzz;
```

3. 写双向口控制

```
assign   WR_CS0 = CPU_WE|CPU_CS;    //将 CPU 的 WR_CS0 转换成 clk_8x 时钟域的 REG_Wr
reg      [3:0]REG_WR_D;
wire     REG_Wr;                              //生成 1 个 clk_8x 宽度的 REG_Wr 信号

always @( posedge clk_8x )
begin
    REG_WR_D < = {REG_WR_D[3:0],WR_CS0};
end
assign   REG_Wr = (REG_WR_D[3:2] = = 2'b10)?1'b1:1'b0;

always @( posedge clk_8x )
begin
    if (REG_Wr = = 1'b1)
        begin
            case ( LA )
            2: CPU_CMD_2 < = Y;         //写 CPU_CMD_2
            8: CPU_CMD_8 < = Y;         //写 CPU_CMD_8
            9: CPU_CMD_9 < = Y;         //写 CPU_CMD_9
                .
        endcase
    end
    else if ( word8_CLR ) CPU_CMD_15  < = 16'h0000;
end
```

4. CPU 读双向口代码

```
always @ ( LA or CPU_CS or CPU_OE or FIFO_RDATA_2 or FIFO_RDATA_1 or ... )
begin
    if ( CPU_CS = = 0 && CPU_OE = = 0 )    //读双向口条件
        begin
            case ( LA )
            0: Read_Data = FIFO_RDATA_2;
            1: Read_Data = FIFO_RDATA_1;
            .
            .
            default Read_Data = 16'bz;
            endcase
        end
    else  Read_Data = 16'bz;
end
```

CPU 在写双向口发出寻址信号(LA)时,在 LWE(CPU_WE)和 LCSn(CPU_CS)均为低电平时,转换成 1 个 clk_8x 宽度的正脉冲信号 TA,利用 TA 时钟把 LAD(LBD)上的数据写进 FPGA 寄存器。注:括号中是 HDL 例程中的命名。

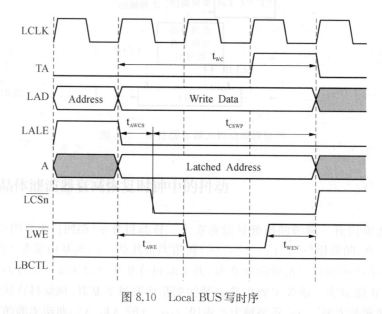

图 8.10 Local BUS 写时序

CPU 在读双向口发出寻址信号(LA)时,在 LOE(CPU_OE)和 LCSn(CPU_CS)均为低电平,同时 LBCTL 也为低电平时,用 CPU 的 LCLK 把 LAD(LBD)上的数据读入,见图 8.11。注:括号中是 HDL 例程中的命名。

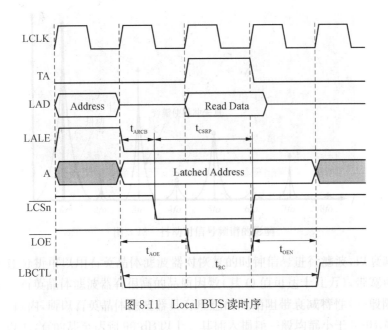

图 8.11 Local BUS 读时序

8.6 HDB3 编码和解码

我们前面介绍过 HDB3 编码的优点,其传输线上码元频谱的中心点只有数据速率的一半,16 M 数据率的传输信源元的频谱中心只有 8 M。数字通信控制电路的工作频率只需 16 M,有利于降低功耗。因为没有现成可利用的 HDB3 接口芯片,所以我们利用 FPGA 中的 CMOS 驱动器构建了简单的 HDB3 收发电路。如图 8.12 所示利用 FPGA 中的 2 个 LVDS 接收器做 HDB3 接收器,没有均衡器和自适应的比较器。LVDS 接收器反向输入端接 0.42 V 固定电压,输入信号翻转的门槛值在 0.46 V 左右。由于是固定阈值,因此当信号电缆中的数字信号受到外界干扰时,输出的脉冲 HDB3_P 和 HDB3_N 可能变成宽窄不等,也就是出现较大的抖动。图 8.13~图 8.17 是观察到的实际波形。图 8.17 中上面是时钟,下面的是数据。在试验板上,收发之间连接 25 m4 芯电缆,数据传输可靠无错误。

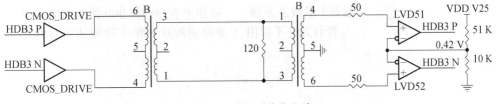

图 8.12 HDB3 收发电路

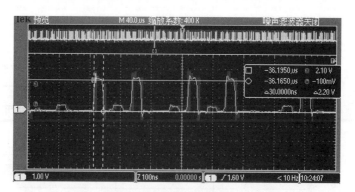

图 8.13　HDB3 发送端驱动器输出波形

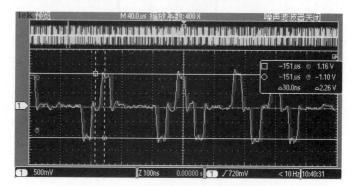

图 8.14　HDB3 发送端变压器次级波形

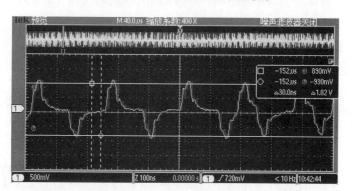

图 8.15　HDB3 信号经 25 m 电缆接收端变压器初级波形

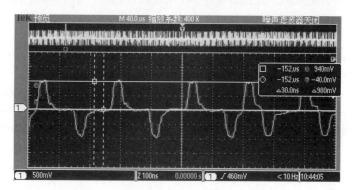

图 8.16　HDB3 接收端变压器次级波形

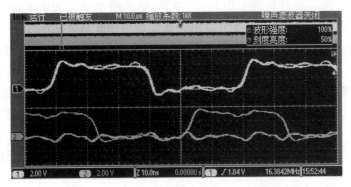

图 8.17 HDB3 恢复时钟 16 M 与恢复数据关系

1. HDB3 发送 Top 文件

```
`timescale 1ns /1ps
/*************************************************
************************
   执行最基本的 HDB3 发送功能,16 M 传输速率。
   LAU_Top 模块生成尾部 CRC 校验码,进行 HDB3 编码后发送出去,
   发送时 TOP 模块发送 7 个 word 的 Tx_Data 数据,最高字节用跳线 TP 设置。
   *************************************************
************************ /
module LAU_Top(
input      Clk_16,                //发送时钟
input      Reset,                 //A4
input      [7:0]TP,               //8 根跳线选择要发送的字节编码(用于接收端显示)
output     Tx_HDB3_P,             //J11,(原 TX2 + )
output     Tx_HDB3_N,             //K11,(原 TX2 - )
);

CLKINT   CLKINT_0 ( .A( Clk_16 ), .Y( Tx_ClkG ));

//----------- 与发送有关的变量 --------------------------------

wire     [111:0]Tx_Data;          //112 bit( 14 个字节发送)数据
reg      [119:0]LXU_Tx_Buf;       //待发送的 120 bit 数据(15 个字节)
assign   LXU_Tx_Buf_MSB = LXU_Tx_Buf[119];

parameter     Dumy_CRC = 8'h55;   //随便定义的 CRC 哑变量
```

```verilog
reg         [6:0]Tx_Cunt;
reg         [7:0]CRC_tx;
reg         Send_CRC;
reg         [7:0]CRC_tx_Buf;
reg         LXU_Tx_Buf_MSB2;
wire        Tx_Data_b;

//------------ HDB3 头段输出变量 ------------------

reg         [3:0]Tx_HeadBuf_P;
reg         [3:0]Tx_HeadBuf_N;
assign      Tx_Head_P = Tx_HeadBuf_P[3];
assign      Tx_Head_N = Tx_HeadBuf_N[3];

//------------ HDB3 编码输出变量 ------------------

wire        [1:0]HDB3_Code_Out;
reg         Tx_Data_P;
reg         Tx_Data_N;

//-------------------------- 发送计数器计数 --------------------------------

always @( posedge Tx_ClkG or posedge Reset )
begin
    if( Reset )Tx_Cunt <= 7'b0;
    else if( Reset = = 1 ) Tx_Cunt <= 7'b0;
    else Tx_Cunt <= Tx_Cunt + 1;
end

//-------------------------- 设置头段发送标志 ----------------------------

reg     Tx_Head;                          // 用于控制发送同步头和数据和选择同步头码序

always @( posedge Tx_ClkG or posedge Reset )
begin
    if( Reset )Tx_Head <= 1'b0;
    else if( Tx_Cunt = = 3 ) Tx_Head <= 1;      // 头段延迟 2 个 CLK,持续 4 个 CLK。
    else if( Tx_Cunt = = 7 ) Tx_Head <= 0;      //编码后的 HDB3 码从 CLK7 开始输出
end

//--------------------- 加载和移位输出头段编码 ------------------------
```

```
parameter   SyncPattern_1 = 8'b1100;
parameter   SyncPattern_2 = 8'b0011;

always @( posedge Tx_ClkG or posedge Reset )
begin
    if( Reset )
      begin
          Tx_HeadBuf_P <= 4'b0;
          Tx_HeadBuf_N <= 4'b0;
      end
    else if( Tx_Head == 0 )
      begin
          Tx_HeadBuf_P <= SyncPattern_1;
          Tx_HeadBuf_N <= SyncPattern_2;
      end

    else if( Tx_Head == 1 )
      begin                                          //移位输出的实际开始时间是 Tx_Cunt = 1
          Tx_HeadBuf_P <= Tx_HeadBuf_P << 1;
          Tx_HeadBuf_N <= Tx_HeadBuf_N << 1;
      end
end

//----------- 把要发送的数据装进 Tx_Buf( 18 个有效字节 + 1 个 Dumy CRC 字节 )
// 生成 LXU_Tx_Buf 的 CRC 要延迟 1 个 CLK,HDB3 编码需要 5 个 CLK,一共 6 个 CLK。
// 头段 4 个 CLK,再延迟 2 个 CLK 发送,从 Tx_Cunt = 3 开始,也凑上 6 个 CLK。
// Tx_Cunt > 0 时就开始输出,生成 CRC 和进行 HDB3 编码。Tx_Cunt = 7 时输出,刚好和头段接上。
//-------------------------------------------------------------------------
assign   Tx_Data = { 104'h a0_0a_c2_33_44_55_66_77_88_99_aa_bb_cc,~TP }; //可以改变 TP

//启动移位生成 CRC 码,但 LLXU_Tx_Buf 的实际输出在 Tx_Cunt > 1 开始.
always @( posedge Tx_ClkG or posedge Reset )
begin
    if( Reset ) LXU_Tx_Buf <= 120'b0;
    else if( Tx_Cunt == 0 )LXU_Tx_Buf <= { Tx_Data, Dumy_CRC};
    else if( Tx_Cunt > 0 ) LXU_Tx_Buf <= LXU_Tx_Buf << 1;
end

//----------- LXU_Tx_Buf 移位的同时生成前 18 个有效字节的 CRC 校验码字节 ---------
```

```verilog
wire        CRC_tx_MSB = CRC_tx_Buf[7];
wire        CRC_tx_FB = CRC_tx[7] ^ LXU_Tx_Buf_MSB;

always @( posedge Tx_ClkG or posedge Reset )
begin
    if ( Reset ) CRC_tx <= 8'hFF;
    else if( Tx_Cunt == 0 ) CRC_tx <= 8'hFF;    //因为 Tx_Cunt > 0 Tx_Buf 开始移位输出
    else
      begin
          CRC_tx[0] <= CRC_tx_FB;
          CRC_tx[1] <= CRC_tx[0];
          CRC_tx[2] <= CRC_tx[1];
          CRC_tx[3] <= CRC_tx[2];
          CRC_tx[4] <= CRC_tx[3] ^ CRC_tx_FB;
          CRC_tx[5] <= CRC_tx[4] ^ CRC_tx_FB;
          CRC_tx[6] <= CRC_tx[5];
          CRC_tx[7] <= CRC_tx[6];
      end
end


//---------------- 加载和移位输出 CRC --------------------------------------

always @( posedge Tx_ClkG or posedge Reset )
begin
    if( Reset ) CRC_tx_Buf <= 8'hff;
    else if( Tx_Cunt == 113 ) CRC_tx_Buf <= CRC_tx;
    else if ( Tx_Cunt > 113 ) CRC_tx_Buf <= CRC_tx_Buf << 1;
end


//--------------- 设置发送 CRC 码的窗口 -------------------------------------
always @( posedge Tx_ClkG or posedge Reset )
begin
    if( Reset ) Send_CRC <= 0;
    else if( Tx_Cunt == 113 ) Send_CRC <= 1;
    else if( Tx_Cunt == 121 ) Send_CRC <= 0;
end

//-- 切换输出 Tx_Data 和 CRC_tx_Buf,将 CRC 字节放在第 19 个字节,跟着 Tx_Data 发送出去

always @( posedge Tx_ClkG or posedge Reset )
begin
```

有线遥测数字地震仪原理和制造

```verilog
        if( Reset ) LXU_Tx_Buf_MSB2 <= 0;
        else LXU_Tx_Buf_MSB2 <= LXU_Tx_Buf_MSB;
end


assign  Tx_Data_b = ( Send_CRC ) ? CRC_tx_MSB : LXU_Tx_Buf_MSB2;


//----   因为 CRC 生成逻辑耗时 1 个 CLK,所以 Tx_Buf 的输出也要延迟 1 个 CLK ------------
//--------------------- 将要发送的 Tx_Data + CRC 中的 NRZ 数据编码成 HDB3 码


HDB3_Encode HDB3_encode_0(
        .Tx_Clk( Tx_ClkG ),                 //发送时钟
        .Reset( Reset ),                    //复位
        .NRZ_in( Tx_Data_b ),               //NRZ 输入数据流
        .Code_Out( HDB3_Code_Out )   //HDB3 编码输出
        );
//--------------- 把 Code_Out 输出的 HDB3 指示码转换成双极性码 ---------------

always @( HDB3_Code_Out )
begin
    case ( HDB3_Code_Out )
    2'b00: Tx_Data_P = 0;
    2'b11: Tx_Data_P = 0;
    2'b01: Tx_Data_P = 1;                    //FDU_Data_P = 1 表示正极性 S 码
    default Tx_Data_P = 0;
    endcase
end


always @( HDB3_Code_Out )
begin
    case ( HDB3_Code_Out )
    2'b00: Tx_Data_N = 0;
    2'b11: Tx_Data_N = 1;                    //FDU_Data_N = 1 表示负极性 S 码
    2'b01: Tx_Data_N = 0;
    default Tx_Data_N = 0;
    endcase
end

//--------------- 延时线消除多路选择器输出仿真波形生的毛刺 ------------------

wire    [1:0]delay;
BUFD BUFD_1 ( .Y( delay[0] ), .A( Tx_ClkG ));
```

```verilog
BUFD BUFD_2 ( .Y( delay[1] ), .A( delay[0] ));
BUFD BUFD_3 ( .Y( Tx_ClkD ), .A( delay[1] ));

assign  Tx_HDB3_P = ( Tx_Head == 1 )? ( Tx_Head_P & Tx_ClkD ): ( Tx_Data_P & Tx_ClkD );
assign  Tx_HDB3_N = ( Tx_Head == 1 )? ( Tx_Head_N & Tx_ClkD ): ( Tx_Data_N & Tx_ClkD );
endmodule
```

2. HDB3 编码

```verilog
`timescale 1ns /1ps
/***********************************************************
*****************************
    HDB3_encode.v 是 HDB3 的编码程序。HDB3 耗时 5 个 CLK。
    First_V 在一个帧数据开始时应清零,插入第一个 V 后置 1。在一帧结束时清零。
***********************************************************
*****************************/
module HDB3_Encode(
input      Tx_Clk,              //发送时钟
input      Reset,               //复位
input      NRZ_in               //NRZ 输入数据流
output     reg [1:0]Code_Out
);

reg        [1:0]V_Gen_Out;
reg        [1:0]Cunt_0;
reg        [1:0]B_Gen_Out;
reg        Cunt_S;
reg        First_V;

//--------------- 连续 3 个 0 时插入 V 码 ---------------------------

always @( posedge Tx_Clk or posedge Reset )
begin
    if ( Reset )
        begin
            Cunt_0   <= 3'b0;
            V_Gen_Out <= 2'b00;
        end
    else
```

```
          begin
              if ( NRZ_in = = 1 )
                  begin
                      V_Gen_Out < = 2'b01;
                      Cunt_0      < = 0;
                  end
              else
                  begin
                      Cunt_0 < = Cunt_0 + 1;
                      if( Cunt_0 = = 3 )
                          begin
                              V_Gen_Out < = 2'b11;
                              Cunt_0 < = 0;
                          end
                      else V_Gen_Out < = 2'b00;
                  end
          end
end

// --------------- 插入 B 码 -----------------------------------
reg      [2:0]S1;
reg      [2:0]S0;

always @( posedge Tx_Clk or posedge Reset )
begin
    if( Reset )
        begin
            S1 < = 3'b0;
            S0 < = 3'b0;
        end
    else
    begin
        S1 < = { S1[1:0], V_Gen_Out[1] };// V_Gen_Out 进入一 3 位移位寄存器,延迟 3
个 clk
        S0 < = { S0[1:0], V_Gen_Out[0] };
    end
end

always @( posedge Tx_Clk or posedge Reset )
begin
    if( Reset ) First_V < = 0;
```

```verilog
        else if( V_Gen_Out = = 2'b11 ) First_V <= 1;   // 检测到一个 V 时置起标志
end


always @( posedge Tx_Clk or posedge Reset )
begin
    if( Reset )
        begin
            B_Gen_Out <= 2'b00;
            Cunt_S <= 0;
        end
    else
    case ( V_Gen_Out )
    2'b00: B_Gen_Out <= { S1[2], S0[2] };
    2'b01:
        begin
            B_Gen_Out <= { S1[2], S0[2] };
            Cunt_S <= Cunt_S + 1;
        end
    2'b11:
        begin
            if( First_V = = 1 && Cunt_S = = 0 ) B_Gen_Out <= 2'b10;
            else
                begin
                    B_Gen_Out <= { S1[2], S0[2] };
                    Cunt_S <= 0;
                end
        end
    endcase
end


// ------------------------ 转换成双极性的输出编码 ----------------------------
reg      Flag_Pol;

always @( posedge Tx_Clk or posedge Reset )
begin
    if( Reset )
        begin
            Code_Out <= 2'b00;
            Flag_Pol <= 0;
        end
    else if( B_Gen_Out = = 2'b00 ) Code_Out <= 2'b00;           // 00 是输出 0 电平
```

```verilog
    else if( B_Gen_Out = = 2'b11 )
        begin
            if( Flag_Pol = = 0 )   Code_Out < = 2'b11;              //11 是输出-1 电平
            else Code_Out < = 2'b01;                                //01 是输出+1 电平
        end
    else if( B_Gen_Out = = 2'b10 || B_Gen_Out = = 2'b01 )
        begin
            if( Flag_Pol = = 0 )
                begin
                    Code_Out < = 2'b01;
                    Flag_Pol < = 1;
                end
            else
                begin
                    Code_Out < = 2'b11;
                    Flag_Pol < = 0;
                end
        end
    end
end

endmodule
```

3. HDB3 解码 Top 文件

```verilog
`timescale 1ns /1ps
/***********************************************************
****************************
  接收 HDB3 编码数据,执行解码,并输出 7 个 word 和 CRC 校验码(共 120 bit)数据。
************************************************************
****************************/
module LAU_Top(

input       Clk_i,              //PLL 输出,16.384 MHz
input       Reset,
input       lvds_i_p1,          //HDB3 输入信号 P
input       lvds_i_n1,          //0.42v 阈值
input       lvds_i_p2,          //HDB3 输入信号 P
input       lvds_i_n2,          //0.42v 阈值
```

```verilog
output      UP,                       // 电流泵 +
output      DOWN,                     // 电力泵 -
output      [7:0]LED,                 // 8 个 LED 显示接收到的数据
output       reg ERR_LED              // 状态灯
);


wire        VCC;
wire        GND;
assign      VCC = 1'b1;
assign      GND = 1'b0;


CLKINT   CLKINT_0 ( .A( Clk_i ), .Y( Rx_ClkG ));


//----------------------------------------------------------------------------
wire       RZp,RZn;

INBUF_LVDS INBUF_LVDS_1 ( .PADP( lvds_i_p1 ), .PADN( lvds_i_n1 ), .Y( RZp ));
INBUF_LVDS INBUF_LVDS_2 ( .PADP( lvds_i_p2 ), .PADN( lvds_i_n2 ), .Y( RZn ));


//-------------------- PLL 获得恢复的时钟和数据 --------------------------

BB_PLL BB_PLL_0(
        .data_i( RZp | RZn ),
        .reset( Reset ),
        .clk( Rx_ClkG ),
//        .data_o( PLL_Data_o ),          // 此输出信号不用
        .mkclkfaster( mkclkfaster ),
        .mkclkslower( mkclkslower )
        );


TRIBUFF TRIBUFF_0 ( .D( VCC ), .E( mkclkfaster ), .PAD( UP ));
TRIBUFF TRIBUFF_1 ( .D( GND ), .E( mkclkslower ), .PAD( DOWN ));


reg     NRZ_p,NRZ_n;

always@( negedge Rx_Clk or posedge Reset ) // 恢复的 HDB3_ p 数据
begin
    if(Reset) NRZ_ p <= 0;
    else NRZ_ p <= RZp;
end
```

```verilog
always@( negedge Rx_Clk or posedge Reset ) // 恢复的 HDB3_n 数据
begin
    if(Reset) NRZ_n <= 0;
    else NRZ_n <= RZn;
end
```

//= HDB3 解码,获得串行 NRZ 数据 =
= =

```verilog
wire        [6:0]Rx_Cunt;
wire        SyncHead_Found;
wire        Frame_Sync;
reg         [15:0]Cmd_Buf_16;
HDB3_Decode HDB3_Decode_0(
        .Rx_ClkG( Rx_ClkG ),
        .Reset( Reset ),
        .NRZp( NRZ_p ),
        .NRZn( NRZ_n ),
        .NRZ_Out( NRZ_Out ),
        .Frame_Sync( Frame_Sync ),
        SyncHead_Found( SyncHead_Found ),   // 用于状态 LED
        .Rx_Cunt( Rx_Cunt )
        );
```

/* --------------------- 校验 CRC 码 ---
    根据仿真,CRC_rx 必须在 Rx_Cunt = 119 就设置成 hff。由于考虑到数据帧的长度可能因晶振频
    率差异而变化,所以给了 4 个 bit 的裕量(124,125,126,127)。
    Rx_Cunt = 120 时, 无 CRC 错误帧的 CRC_rx = 0 !   * /

```verilog
reg        [7:0]CRC_rx;
wire       CRC_FB = CRC_rx[7] ^ NRZ_Out;

always @( posedge Rx_ClkG or posedge Reset )
begin
    if ( Reset ) CRC_rx <= 8'hFF;
    else if(Rx_Cunt = = 124||Rx_Cunt = = 125||Rx_Cunt = = 126||Rx_Cunt = = 127) CRC_rx <
= 8'hff;

                                        // 给 4 个 CLK 裕量

    else
        begin
            CRC_rx[0] <= CRC_FB;
```

```verilog
              CRC_rx[1] <= CRC_rx[0];
              CRC_rx[2] <= CRC_rx[1];
              CRC_rx[3] <= CRC_rx[2];
              CRC_rx[4] <= CRC_rx[3] ^ CRC_FB;
              CRC_rx[5] <= CRC_rx[4] ^ CRC_FB;
              CRC_rx[6] <= CRC_rx[5];
              CRC_rx[7] <= CRC_rx[6];
        end
  end

//----------------- 显示错误 --------------------------------------

always @( posedge Rx_ClkG or posedge Reset )
begin
    if( Reset ) STAT_LD <= 1'b1;
    else if( Rx_Cunt == 120 && CRC_rx! = 8'b0 ) ERR_ELD <= 0;      // CRC 错误亮灯
    else STAT_LD <= 1;                                              // CRC 错误亮灭
end

//----------------- 移位存进 16 位寄存器 --------------------------

always @ ( posedge Rx_ClkG or posedge Reset)
begin
    if ( Reset )Cmd_Buf_16 <= 16'h0000;
    else if ( Frame_Sync == 1 )Cmd_Buf_16 <= { Cmd_Buf_16[14:0], NRZ_Out };
end

// ------- 存储 7 个 word ---------------------------------

reg       [15:0]CMD_word1;
reg       [15:0]CMD_word2;
reg       [15:0]CMD_word3;
reg       [15:0]CMD_word4;
reg       [15:0]CMD_word5;
reg       [15:0]CMD_word6;
reg       [15:0]CMD_word7;
reg       [7:0]CRC_Byte;


assign    LED = ~CMD_word7[7:0];          // 8 位 LED 显示 CMD_word7

always @ ( posedge Rx_ClkG or posedge Reset )
```

```verilog
begin
    if ( Reset )
        begin
            CMD_word1 < = 16'b0;
            CMD_word2 < = 16'b0;
            CMD_word3 < = 16'b0;
            CMD_word4 < = 16'b0;
            CMD_word5 < = 16'b0;
            CMD_word6 < = 16'b0;
            CMD_word7 < = 16'b0;
            CRC_Byte  < = 8'b0;
        end
    else
        case ( Rx_Cunt )
        16: CMD_word1 < = Cmd_Buf_16;
        32: CMD_word2 < = Cmd_Buf_16;
        48: CMD_word3 < = Cmd_Buf_16;
        64: CMD_word4 < = Cmd_Buf_16;
        80: CMD_word5 < = Cmd_Buf_16;
        96: CMD_word6 < = Cmd_Buf_16;
        112: CMD_word7 < = Cmd_Buf_16;
        120: CRC_Byte  < = Cmd_Buf_16[7:0];
        endcase
end
endmodule
```

4. HDB3 解码子程序

```verilog
`timescale 1ns /1ps
/*********************************************************
******************************
HDB3_decode 是 HDB3 的译码程序。
JK 触发器用来检测插入的 V 码,其真值表如下:
输出        Q | Q | 0 | 1 |QB |
          ----+---+---+---+---+
输入(NRZn) J | 0 | 0 | 1 | 1 |
          ----+---+---+---+---+
输入(NRZp) K | 0 | 1 | 0 | 1 |
注意:J 接 NRZn,K 接 NRZp。
```

```
                    + - - - - - - - - - - - - - - - +
   NRZp    - - - - >|                               |- - - - - > SyncHead_Found
   NRZn    - - - - >|                               |- - - - - > Frame_Sync
   Rx_ClkG - - - - >|    HDB3_Decode                |- - - - - > Rx_Cunt[7:0]
   Reset   - - - - >|                               |- - - - - > NRZ_Out
                    |                               |
                    + - - - - - - - - - - - - - - - +

 * * * * * * * * * * * * * * * * * * * * * * * * * * * * * * * * * * * * * * * * * * * * * *
 * * * * * * * * * * * * * * * * * * * * * * * * * */

module HDB3_Decode(

input      Rx_ClkG,                    // 恢复的时钟
input      Reset,                      // 复位
input      NRZp,                       // HDB3 + 输入数据流
input      NRZn,                       // HDB3 - 输入数据流

output     NRZ_Out,
output     reg Frame_Sync,             // 数据有效
output     reg SyncHead_Found,
output     reg[6:0]Rx_Cunt             // 有效数据计数,从 0 开始
);

parameter  SyncPattern_1 = 4'b1100;
parameter  SyncPattern_2 = 4'b0011;

/* = = = = = = = = = = = = = = = = = = = = = = = = = = 检测同步码和置起 Frame_Sync 标
志 = = = = = = = = = = = = = = = = = = = = = = = =

   NRZp 和 NRZn 需要经过 4 个 Rx_CLKG 才能完成 HDB3 的解码,为了 Rx_Cunt = 0 和 NRZ_out 衔接所
   以 SyncHead_Found 需要通过移位延时 4 个 CLK。

= = = = = = = = = = = = = = = = = = = = = = = = = = = = = = = = = = = = = = = = = = = = = = =
= = = = = = = = = = = = = = = = = = = = = = = = = = = = = = = = = = = = = = = = = = = = = = =
*/

Reg      [4:0]NRZp_SHR;
Reg      [4:0]NRZn_SHR;

always @( posedge Rx_ClkG or posedge Reset )
begin
```

```verilog
    if( Reset )
        begin
            NRZp_SHR <= 5'b0;
            NRZn_SHR <= 5'b0;
        end
    Else
        begin
            NRZp_SHR <= { NRZp_SHR[3:0], NRZp };
            NRZn_SHR <= { NRZn_SHR[3:0], NRZn };
        end
end


// -----------------------------------------------------------------------

always @( posedge Rx_ClkG or posedge Reset )
begin
    if( Reset ) Rx_Cunt <= 7'b0;
    else if( SyncHead_Found == 1 ) Rx_Cunt <= 7'b0;
    else Rx_Cunt <= Rx_Cunt + 1;
end

always @( posedge Rx_ClkG or posedge Reset )
begin
    if( Reset ) SyncHead_Found <= 0;
    else if(( NRZp_SHR[4:1] == SyncPattern_1 && NRZn_SHR[4:1] == SyncPattern_2 ) ||
            ( NRZp_SHR[4:1] == SyncPattern_2 && NRZn_SHR[4:1] == SyncPattern_1 ))
            SyncHead_Found <= 1;
    else SyncHead_Found <= 0;
end

always @( posedge Rx_ClkG or posedge Reset )
begin
    if( Reset ) Frame_Sync <= 0;
    else if( SyncHead_Found == 1 ) Frame_Sync <= 1;
    else if( Rx_Cunt == 120 ) Frame_Sync <= 0;
end

// -------------------- 检测 V 码 ------------------------------------------

reg     JK_Q;
reg     Stop;
```

```verilog
wire        Vp, Vn;

always @( posedge Rx_ClkG or posedge Reset )
begin
    if( Reset ) Stop <= 1;                              //禁止生成 Vp 和 Vn
    else if( Rx_Cunt = = 122 ) Stop <= 0;
    else if( Rx_Cunt = = 0 ) Stop <= 1;
end

always @( posedge Rx_ClkG or posedge Reset )
begin
    if( Reset ) JK_Q <= 0;
    else
        case ( { NRZn, NRZp })
        2'b00: JK_Q <= JK_Q;
        2'b01: JK_Q <= 0;
        2'b10: JK_Q <= 1;
        2'b11: JK_Q <= ~JK_Q;
        default: JK_Q <= 0;
        endcase
end

assign   Vn = ~( JK_Q & NRZn & Stop );
assign   Vp =  ( !JK_Q & NRZp & Stop );

//-------------------- 消除 V 码和 B 码 ------------------------------------

wire        SHFTR_i;
reg         [2:0]SHFTR;

assign   SHFTR_i = Vp & Vn & ( NRZp | NRZn );    //与门 1, 消除 V 码
assign   NRZ_Out = Vp & Vn & SHFTR[2];           //与门 2, 消除 B 码

always @( posedge Rx_ClkG or posedge Reset )
begin
    if( Reset ) SHFTR <= 3'b0;
    else SHFTR <= { SHFTR[1:0], SHFTR_i };
end

endmodule
```

9 Chapter 09
采集站 FPGA 的 HDL 设计

采集站采用 Actel 的 IGLOO AGL250 FPGA 实现,其电原理图见图 5.8～图 5.12。

9.1　TOP 模块

```
`timescale 1ns /1ps
/*******************************************************
****************************
1. 交叉站发命令( A014, 05C1, Length, GlobNo...),电源站转变成 a1xx, 05C1, xx, GlobNo...,采集
   站接收到符合本站 GlobNo 的命令时,给 ADC 发送同步命令 ADC_Sync,同时给 8051 发中断。8051 将
   数据写成 c1 类型输出。
2. 定向命令,AD 同步命令和 MCU 命令都要检查 CRC 校验结果,只有合法命令才执行操作。
   *******************************************************
   **************************** /


module FDU_TOP(

input      Reset_i,          //(8051 输出的复位信号,A10)
input      Clk_16,           //

input      Clk2x_1,          //( CLK1 ) VCXO-1
output     UP_1,             //( UP-1 )
output     DOWN_1,           //( DOWN-1 )

input      Clk2x_2,          //( CLK2 ) VCXO-2
output     UP_2,             //( UP-2 )
output     DOWN_2,           //( DOWN-2 )

input      lvds_i_p1,        //( RX1+ )
input      lvds_i_n1,        //( RX1- )
output     lvds_o_p1,        //( TX1+ )
output     lvds_o_n1,        //( TX1- )

input      lvds_i_p2,        //( RX2+ )
input      lvds_i_n2,        //( RX2- )
output     lvds_o_p2,        //( TX2+ )
output     lvds_o_n2,        //( TX2- )

output     ADC_MCLK,         //( 4.096 MHz ),ADC 时钟
```

```verilog
output        MCU_CLK,// ( 16.384MHZ ), MCU 的时钟
output        reg STAT_LED,// LED1

// 8051 的输入/输出引脚
inout         [7:0]AD,// 接 8051 的双向数据/地址线
input         WRn_PAD,//
input         RDn_PAD,//
input         ALE_PAD,//
output        MCU_int,//

// 测试信号
output        [4:1]S // 测试信号线
);

// ------------- 8051 读写 FPGA 的地址线和控制线 --------

reg           [7:0]Addr;
wire          [7:0]Y;
wire          WRn;
wire          RDn;

// ------------- FPGA 给 8051 的数据 -------------------

wire          [7:0]CmdData_o_1[1:10];
wire          [7:0]CmdData_o_2[1:10];
wire          [7:0]Local_No_1;
wire          [7:0]Local_No_2;
wire          [15:0]Glob_No_1;
wire          [15:0]Glob_No_2;
reg           [7:0]CmdData;

// ------------- 8051 给 FPGA 的数据 --------------------
reg           [7:0]Data_Type;
reg           [7:0]MCU_Data_1[0:5];
reg           [7:0]MCU_Data_2[0:5];

// ------------- FPGA 给 8051 的中断 --------------------

wire          MCU_int_1;
wire          MCU_int_2;
assign        MCU_int = MCU_int_1 | MCU_int_2;
```

```
// -------------- 8051 输出的控制信号 ------------------


reg         [7:0]MCU_CTRL;
wire        Loop ;
assign      Loop = MCU_CTRL[3];              // bit3 控制闭环


//-------------- 缓冲下列输入信号 ---------------------


wire        Reset;
INBUF       INBUF_0 ( .PAD( Reset_i ), .Y( Reset ));
INBUF       INBUF_1 ( .PAD( WRn_PAD ), .Y( WRn ));
INBUF       INBUF_2 ( .PAD( RDn_PAD ), .Y( RDn ));
INBUF       INBUF_3 ( .PAD( ALE_PAD ), .Y( ALE ));


// -------------- 显示测试信号 -----------------------------------------


wire        Clk2xG_1, Clk2xG_2;
wire        DataIn_1, DataIn_2;          // 用于观察恢复时钟和眼图
assign      S[1] = Clk2xG_1;
assign      S[2] = DataIn_1;
assign      S[3] = Clk2xG_2;
assign      S[4] = DataIn_2;


// -------------- 片内 PLL 获取发送时钟和 ADC、MCU 时钟 ---------------------------
-


wire        Tx_Clk2xG;


Tx_CLK2 Tx_CLK2_0(
        .POWERDOWN( 1'b1 ),
        .CLKA( Clk_16 ),
//       .LOCK(),
        .GLA( Tx_Clk2xG ),         // 32.768 MHz 发送时钟
        .YB( ADC_MCLK ),           // 4.096 MHz   ADC 时钟
        .YC( MCU_CLK )             // 16.384 MHz MCU 时钟
        );


// ----------------------- 当正反方向通信都存在时,闪亮 STAT_LED ----------------------
//         用两个 Rx_Transmit.v 模块输出的 Sync 来驱动采集站状态指示灯
```

```verilog
wire    Sync_1, Sync_2;
wire    AN1, AN2;
assign  AN1 = Sync_1 && ! AN2;
assign  AN2 = Sync_2 && ! AN1;


always @ ( posedge AN1 )
begin
    STAT_LED <= ! STAT_LED;
end


// --------------------- 输入切换的逻辑关系 ----------------------------
//
//              LoopSW_2
//
//                         _____
//     DataIn_1 ----> o   Data_i_1 |               |
//                        o--------> |    Model - 1   |-----------+-----> DataOut_1
//                        o          |_____|            |
//                        |          |                           |
//                        |          |                           |
//                        |          |                           |
//                        |          _____             |
//                        |          |               | Data_i_2 o
//     DataOut_2 <--+-------------|    Model - 2   |<--------- o
//                             |_____|            o <------  DataIn_2
//
//                                                    LoopSW_1
//
//     状态寄存器:MCU_CTRL
//        _____
//       |     |     |     |     |     |     |     |     |
//       | NA  | NA  | NA  | NA  | NA  | NA  | NA  |Loop |
//       |_____|_____|_____|_____|_____|_____|_____|_____|
//        7     6     5     4     3     2     1     0
//
//     8051 闭环控制:如果 LoopSW_1 = 1, 使 Model - 1 的输出送给 Model - 2 的输入。
//
//                   如果 LoopSW_2 = 1, 使 Model - 2 的输出送给 Model - 1 的输入。
//
//--------------------------------------------------------------------


wire    Active_o_1;
```

```verilog
wire        Active_o_2;
//wire      DataIn_1;                        //Model - 1 的输入
//wire      DataIn_2;                        //Model - 2 的输入
wire        DataOut_1;                       //Model - 1 的输出
wire        DataOut_2;                       //Model - 2 的输出


wire        LoopSW_2 ;
wire        LoopSW_1;
assign      LoopSW_1 = Loop & Active_o_1 ;//LOOP = MCU_CTRL[ 3 ]
assign      LoopSW_2 = Loop & Active_o_2;


assign      Data_i_2 = ( LoopSW_1 = = 1 )?   DataOut_1: DataIn_2;   //闭环控制,见上面示
意图
assign      Data_i_1 = ( LoopSW_2 = = 1 )?   DataOut_2: DataIn_1;


//LVDS 接收器 1
INBUF_LVDS INBUF_LVDS_1 ( .PADP( lvds_i_p1 ), .PADN( lvds_i_n1 ), .Y( DataIn_1 ));
//LVDS 发送器 1
OUTBUF_LVDS OUTBUF_LVDS_1( .D( DataOut_1 ), .PADP( lvds_o_p1 ), .PADN( lvds_o_n1 ));
//LVDS 接收器 2
INBUF_LVDS INBUF_LVDS_2 ( .PADP( lvds_i_p2 ), .PADN( lvds_i_n2 ), .Y( DataIn_2 ));
//LVDS 发送器 2
OUTBUF_LVDS OUTBUF_LVDS_2( .D( DataOut_2 ), .PADP( lvds_o_p2 ), .PADN( lvds_o_n2 ));

//-------------- 例化 2 个 Re_Transmit 模块 -----------------------------------------

Rx_Transmit Rx_Transmit_1(
        .Reset( Reset ),
        .Clk2x( Clk2x_1 ),
        .Tx_Clk2xG( Tx_Clk2xG ),
        .Data_i( Data_i_1 ),                        //输入选择开关的中心头
        .Force_Passive( Active_o_2 ),               //用模块 2 的输出强制模块 1 被动
        .Sync( Sync_1 ),
        .Data_Type( Data_Type ),                    //8051 输出 1 个数据类型字节给 FPGA
        .MCU_Data({ MCU_Data_1[0], MCU_Data_1[1], MCU_Data_1[2],
                MCU_Data_1[3],MCU_Data_1[4], MCU_Data_1[5] }),
                                                    //8051 输出 6 个字节给 FPGA


        .CmdData_o( { CmdData_o_1[1],CmdData_o_1[2],CmdData_o_1[3],CmdData_o_1[4],
                CmdData_o_1[5],CmdData_o_1[6],CmdData_o_1[7],CmdData_o_1[8],
                CmdData_o_1[9],CmdData_o_1[10] }),
```

```
                                                //FPGA 输出 10 个命令字节给 8051

        .Frame_o( DataOut_1 ),
        .Active_o( Active_o_1 ),
        .MCU_int( MCU_int_1 ),
        .Local_No( Local_No_1 ),
        .Glob_No( Glob_No_1 ),
        .UP( UP_1 ),
        .DOWN( DOWN_1 ),
        .Clk2xG( Clk2xG_1 )          //用于测试眼图
        );


Rx_Transmit Rx_Transmit_2(
        .Reset( Reset ),
        .Clk2x( Clk2x_2 ),
        .Tx_Clk2xG( Tx_Clk2xG ),
         .Data_i( Data_i_2 ),                //输入选择开关的中心头
         .Force_Passive( Active_o_1 ),       //用模块 1 的输出强制模块 2 被动
         .Sync( Sync_2 ),

         .Data_Type( Data_Type ),            //8051 输出 1 个数据类型字节给 FPGA
         .MCU_Data({ MCU_Data_2[0], MCU_Data_2[1], MCU_Data_2[2],
                  MCU_Data_2[3],MCU_Data_2[4], MCU_Data_2[5] }),
                                    //8051 输出 6 个字节给 FPGA

         .CmdData_o( { CmdData_o_2[1],CmdData_o_2[2],CmdData_o_2[3],CmdData_o_2[4],
                  CmdData_o_2[5],CmdData_o_2[6],CmdData_o_2[7],CmdData_o_2[8],
                  CmdData_o_2[9],CmdData_o_2[10] }),
                                    //FPGA 输出 10 个命令字节给 8051

         .Frame_o( DataOut_2 ),
         .Active_o( Active_o_2 ),
         .MCU_int( MCU_int_2 ),
         .Local_No( Local_No_2 ),
         .Glob_No( Glob_No_2 ),
         .UP( UP_2 ),
         .DOWN( DOWN_2 ),
         .Clk2xG( Clk2xG_2 )
         );


//---------------------定义 A0－A7 的双向口 --------------------------------
```

```verilog
always @( negedge ALE ) Addr = Y;              //ALE 降为地电位时锁存地址
assign AD = ( RDn = = 0 )? CmdData: 8'hz;      //RD = 0 时 8051 读 FPGA 寄存器
assign Y = AD;                                 //Y 是 8051 写 FPGA 的数据


/*------------------- 另一种定义 A0 - A7 双向口方法 -------------------------
Bi_port Bi_port_0 (
        .Data( CmdData ),       //FPGA 给双向口的输出数据(8051 是读操作)
        .Y( Y ),                //8051 输出给 FPGA 的数据(8051 是写操作)
        .Trien( RDn ),          //RDn = 0 允许 FPGA 的数据输出给 8051
        .PAD( AD )              //双向口的 8 个引脚
        );
* /


//----- 选择 2 个功能模块给 8051 的命令字节,实际是定义一个多路选择器 ----------
// CmdData 是多路选择器的输出,8051 在给出 Addr 同时让 RDn 低电平,就把 CmdData 送到双向
口上,
// 8051 利用 RDn 的上升沿读入数据

always @ ( Addr or Active_o_1 or Active_o_2or
        { CmdData_o_1[1],CmdData_o_1[2],CmdData_o_1[3],CmdData_o_1[4], CmdData_o_1
[5],
          CmdData_o_1[6],CmdData_o_1[7],CmdData_o_1[8],CmdData_o_1[9],CmdData_o_1
[10] }
    or { CmdData_o_2[1],CmdData_o_2[2],CmdData_o_2[3],CmdData_o_2[4], CmdData_o_2[5],
        CmdData_o_2[6],CmdData_o_2[7],CmdData_o_2[8],CmdData_o_2[9],CmdData_o_2[10] }
    or Local_No_1 or Local_No_2 or Glob_No_1 or Glob_No_2 )
begin
    if(( Active_o_1 = = 1 ) && ( Active_o_2 = = 0 ))
    case ( Addr )
    1:CmdData = CmdData_o_1[1];
    2:CmdData = CmdData_o_1[2];
    3:CmdData = CmdData_o_1[3];
    4:CmdData = CmdData_o_1[4];
    5:CmdData = CmdData_o_1[5];
    6:CmdData = CmdData_o_1[6];
    7:CmdData = CmdData_o_1[7];
    8:CmdData = CmdData_o_1[8];
    9:CmdData = CmdData_o_1[9];
    10:CmdData = CmdData_o_1[10];
```

```verilog
        15:CmdData = Local_No_1;
        16:CmdData = Glob_No_1[15:8];
        17:CmdData = Glob_No_1[7:0];
        default CmdData = 8'b0;
        endcase


    else if (( Active_o_1 = = 0 ) && ( Active_o_2 = = 1 ))
        case ( Addr )
        1:CmdData = CmdData_o_2[1];
        2:CmdData = CmdData_o_2[2];
        3:CmdData = CmdData_o_2[3];
        4:CmdData = CmdData_o_2[4];
        5:CmdData = CmdData_o_2[5];
        6:CmdData = CmdData_o_2[6];
        7:CmdData = CmdData_o_2[7];
        8:CmdData = CmdData_o_2[8];
        9:CmdData = CmdData_o_2[9];
        10:CmdData = CmdData_o_2[10];

        15:CmdData = Local_No_2;
        16:CmdData = Glob_No_2[15:8];
        17:CmdData = Glob_No_2[7:0];
        default CmdData = 8'b0;
        endcase
    else CmdData = 8'b0;
end


//------------------- 8051 写 MCU_CTRL 寄存器和 Data_Type 寄存器-------------------

always @ ( posedge WRn or posedge Reset )
begin
    if ( Reset )
      begin
          Data_Type <= 8'hc2;
          MCU_CTRL  <= 8'h00;
      end
    else
        case ( Addr )
        6:  Data_Type <= Y;
        7:  MCU_CTRL  <= Y;          //输出控制,MCU_CTRL[3] = Loop
        endcase
```

```
end

//------------------- 8051 写 AD 转换结果-----------------------------
//
//    为了避免 8051 写 AD 寄存器和 FPGA 读 AD 寄存器时发生冲突,先把 8051 的 WRn 转换
//    Rx_Transmit 模块的 Clk2xG 时钟域,并且只有在写地址 5 后,才将 6 个字节保存
//    另一组寄存器中,等待 FPGA 来读取,这样确保 FPGA 在任何时候确保读到完整的 AD 转换
结果
//    因为 2 个模块的 Clk2xG 不同,所以每个模块有一组缓存寄存器,MCU_Data_1 和 MCU_Data_2
//
//----------------- 把 8051 的 WRn 转换成与 Clk2xG_1 同步的 WRn_1 脉冲 --------------

wire      WRn_1;
reg       [2:0]WRn_d1;

always @( posedge Clk2xG_1 or posedge Reset )
begin
    if( Reset ) WRn_d1 < = 3'b0;
    else   WRn_d1 < = { WRn_d1[1], WRn_d1[0], WRn };
end

assign   WRn_1 = ({ WRn_d1[2],WRn_d1[1]} = = 2'b10 )? 1:0;
                                    //利用 WRn 的前沿(下降沿)生成一个 WRn_1 脉冲

//--------- 在 WRn_1 = 1 时用 Clk2xG_1 的上升降沿写第一级缓存寄存器 AD_Data_1a --------

reg       [7:0]MCU_Data_1a[0:5];
reg       flag_1;

always @ ( posedge Clk2xG_1 or posedge Reset )
begin
    if ( Reset )
      begin
          flag_1 < = 0;
          MCU_Data_1a[0]   < = 8'h00;
          MCU_Data_1a[1]   < = 8'h00;
          MCU_Data_1a[2]   < = 8'h00;
          MCU_Data_1a[3]   < = 8'h00;
          MCU_Data_1a[4]   < = 8'h00;
          MCU_Data_1a[5]   < = 8'h00;
      end
```

```verilog
        else if ( WRn_1 = = 1 )
            case ( Addr )
            0: MCU_Data_1a[0]  < = Y;
            1: MCU_Data_1a[1]  < = Y;
            2: MCU_Data_1a[2]  < = Y;
            3: MCU_Data_1a[3]  < = Y;
            4: MCU_Data_1a[4]  < = Y;
            5: begin
                MCU_Data_1a[5]< = Y;          //8051 必须写地址 5,才表示全部输出完成
                flag_1 < = 1;
                end
            endcase
        if( flag_1 = = 1 ) flag_1 < = 0; //flag_1 只维持 1 个 CLK 高电位
end


//----------------- 在每写完 6 个字节后整体装进 MCU_Data_1 寄存器 -----------------
//                   用下降沿锁存是为了和发送逻辑的正沿错开,避免冲突

always @ ( negedge Clk2xG_1 or posedge Reset )
begin
    if ( Reset )
        Begin                                 // ID   | AD 结果      | ADC 设置| ADV 标定
            MCU_Data_1[0]  < = 8'h00;          // ID[0] | AD_Data[0]  | CFG0   | OFC0
            MCU_Data_1[1]  < = 8'h00;          // ID[1] | AD_Data[1]  | CFG1   | OFC1
            MCU_Data_1[2]  < = 8'h00;          // ID[3] | AD_Data[2]  | HPF0   | OFC2
            MCU_Data_1[3]  < = 8'h00;          // ID[4] | AD_Data[3]  | HPF1   | FSC0
            MCU_Data_1[4]  < = 8'h00;          //       | AD_Data[4]  |        | FSC1
            MCU_Data_1[5]  < = 8'h00;          //       | AD_Data[5]  |        | FSC2
        end
    else if( flag_1 = = 1 )
        begin
            MCU_Data_1[0]  < = MCU_Data_1a[0];   //将 MCU_Data_1a 一次性写进 MCU_Data_1
            MCU_Data_1[1]  < = MCU_Data_1a[1];
            MCU_Data_1[2]  < = MCU_Data_1a[2];
            MCU_Data_1[3]  < = MCU_Data_1a[3];
            MCU_Data_1[4]  < = MCU_Data_1a[4];
            MCU_Data_1[5]  < = MCU_Data_1a[5];
        end
end
```

```verilog
//-------------- 把 8051 的 WRn 转换成与 Clk2xG_2 同步的 WRn_2 脉冲 --------------
wire      WRn_2;
reg       [2:0]WRn_d2;

always @ ( posedge Clk2xG_2 or posedge Reset )
begin
    if( Reset ) WRn_d2 <= 3'b0;
    else   WRn_d2 <= { WRn_d2[1], WRn_d2[0], WRn };
end

assign    WRn_2 = ({ WRn_d2[2],WRn_d2[1]} = = 2'b10 )? 1:0;
                                //利用 WRn 的前沿(下降沿)生成一个 WRn_2 脉冲


//--------   在 WRn_2 = 1 时用 Clk2xG_2 的上升降沿写 MCU_Data_2a 寄存器  -----------

reg       [7:0]MCU_Data_2a[0:5];
reg       flag_2;

always @ ( posedge Clk2xG_2 or posedge Reset )
begin
    if ( Reset )
      begin
          flag_2 <= 0;
          MCU_Data_2a[0]   <= 8'h00;
          MCU_Data_2a[1]   <= 8'h00;
          MCU_Data_2a[2]   <= 8'h00;
          MCU_Data_2a[3]   <= 8'h00;
          MCU_Data_2a[4]   <= 8'h00;
          MCU_Data_2a[5]   <= 8'h00;
      end

    else if ( WRn_2 = = 1 )
        case ( Addr )
        0: MCU_Data_2a[0]   <= Y;
        1: MCU_Data_2a[1]   <= Y;
        2: MCU_Data_2a[2]   <= Y;
        3: MCU_Data_2a[3]   <= Y;
        4: MCU_Data_2a[4]   <= Y;
        5: begin
            MCU_Data_2a[5]<= Y;        //8051 写完地址 5,才表示输出完成
            flag_2 <= 1;
```

```verilog
            end
        endcase

    if( flag_2 = = 1 ) flag_2 < = 0;   //flag_1 只维持 1 个 CLK 高电位
end

//----------------- 在每写完 6 个字节后整体装进 MCU_Data_1 寄存器 -----------------
//              用下降沿锁存是为了和发送逻辑的正沿错开,避免冲突

always @ ( negedge Clk2xG_2 or posedge Reset )
begin
    if ( Reset )
        begin
            MCU_Data_2[0]  < = 8'h00;       // ID     | AD 结果       |ADC 设置| ADV 标定|
            MCU_Data_2[1]  < = 8'h00;       // ID[0] | AD_Data[0] | CFG0  | OFC0
            MCU_Data_2[2]  < = 8'h00;       // ID[1] | AD_Data[1] | CFG1  | OFC1
            MCU_Data_2[3]  < = 8'h00;       // ID[3] | AD_Data[2] | HPF0  | OFC2
            MCU_Data_2[4]  < = 8'h00;       // ID[4] | AD_Data[3] | HPF1  | FSC0
            MCU_Data_2[5]  < = 8'h00;       //       | AD_Data[4] |       | FSC1
                                            //       | AD_Data[5] |       | FSC2
        end
    else if( flag_2 = = 1 )
        begin
            MCU_Data_2[0]  < = MCU_Data_2a[0];
            MCU_Data_2[1]  < = MCU_Data_2a[1];
            MCU_Data_2[2]  < = MCU_Data_2a[2];
            MCU_Data_2[3]  < = MCU_Data_2a[3];
            MCU_Data_2[4]  < = MCU_Data_2a[4];
            MCU_Data_2[5]  < = MCU_Data_2a[5];
        end
end

endmodule
```

9.2　底层模块 Rx_Transmit.v

```verilog
`timescale 1ns /1ps
/***********************************************************
```

这是传输 15 字节方案的底层模块,采集站在接收完 15 个字节后转发接收到的数据帧,或者发送本站自己的数据。

```
************************************************************ /
module Rx_Transmit(

input        Reset,                    //来自 Top 模块
input        Clk2x,                    //TCXO
input        Tx_Clk2xG,
input        Data_i,                   //仿真时从 testbench 生成测试数据,正常是 lvds_i 的
输出
input        Force_Passive,            //对方模块来的 Active_o 信号

//8051 输出的数据
input        [7:0]Data_Type,
input        [7:0]MCU_Data[0:7],       //8 字节 MCU Data

//输给 8051 的数据
output   reg [7:0]CmdData_o[1:14],     //实际只给 8051 传递 CmdData_o[1:10]

//输出给 TOP 模块的信号
output   reg  Active_o,                //识别定向命令后输出主动状态标志
output   reg MCU_int,                  //给 MCU 的中断信号
output   Frame_o,
output   reg [7:0]Local_No,
output   reg [15:0]Glob_No,
output   Sync,

output   UP,
output   DOWN,

output   Clk2xG,                       //此信号用于测试

//下列信号仅用于仿真,正式编程时不分配引脚
output   reg Local;
output   reg [7:0]CRC_Chk,
output   reg [7:0]CRC_rx,
output   reg [7:0]CRC,
output   reg [7:0]CRC_Buf,

output   reg Have_Send,
output   reg Frame_Sync,
```

```verilog
output      reg [7:0]Rx_Cunt,
output      reg [7:0]Cmd_Buf,
output      reg [119:0]Tx_Data,
output      reg Empty_Cell,
output      reg req_Data,

output      reg Cmd_End,
output      Data_RDY,
output      reg [119:0]Tx_Buf,
output      reg [7:0]Tx_Cunt,
output      reg Tx_Head,
output      reg Send_CRC
);

wire        VCC;
wire        GND;
assign      VCC = 1'b1;
assign      GND = 1'b0;

parameter       NOP_code          = 8'h 50;
parameter       MCU_Cmd_code      = 8'h 54;
parameter       req_Data_code     = 8'h 57;
parameter       Empty_Cell_code   = 8'h 58;
parameter       Set_Act_code      = 8'h 5A;
paramete        rDumy_CRC         = 8'h 55;

reg         [7:0]CmdData[1:15];
```

//---------------------- 从锁相环获得恢复的数据和同步时钟 ----------------------
//仿真时无需禁止下面的 DCR 逻辑.因为输出的 PLL_Data_o 只是和 Data_1 相差半个时钟周期。
//而 mkclkfaster 和 mkclkslower 不起作用。

```verilog
CLKINT  CLKINT_0 ( .A( Clk2x ), .Y( Clk2xG ));
wire        PLL_Data_o;

BB_PLL BB_PLL_0(
        .reset( Reset ),
        .clk( Clk2xG ),
        .data_i( Data_i ),
        .data_o( PLL_Data_o ),
        .mkclkfaster( mkclkfaster ),
```

```verilog
        .mkclkslower( mkclkslower )
        );


assign    UP = ( mkclkfaster )? VCC : 1'bz;          //UP 使电流泵充电
assign    DOWN = ( mkclkslower )? GND : 1'bz;        //DOWN 使电流泵放电


//--------------- 将恢复的数据输进 16 位的移位寄存器移位 ------------------

reg       [7:0]Shift_Buf;
reg       SyncHead;

always @( posedge Clk2xG or posedge Reset )
begin

    if ( Reset )
      begin
          Shift_Buf <= 8'h00 ;
          Rx_Cunt <= 8'h00 ;
      end
    else
      begin
          Shift_Buf <= { Shift_Buf[6:0], PLL_Data_o } ;
          if ( SyncHead == 1 )Rx_Cunt <= 8'b0;
          else Rx_Cunt <= Rx_Cunt + 1'b1 ;
      end
end


//------------------ 从移位寄存器检测同步头 ------------------------------

parameter  SyncPattern_1 = 8'b0011_1010;
parameter  SyncPattern_2 = 8'b1100_0101;

always @( posedge Clk2xG or posedge Reset )
begin
    if ( Reset ) SyncHead <= 1'b0 ;
    else SyncHead <= (( Shift_Buf[7:0] == SyncPattern_1) || ( Shift_Buf[7:0] ==
SyncPattern_2))? 1: 0;
end


//-------------------- 找到同步头后置起数据有效标志 Frame_Sync -------------
```

```verilog
always @ ( posedge Clk2xG or posedge Reset )

begin
    if ( Reset )  Frame_Sync <= 1'b0;
    else if ( SyncHead ) Frame_Sync <= 1'b1;
    else if ( Rx_Cunt = = 242 ) Frame_Sync <= 1'b0;           //在第 15 个字节结束时清
Frame_Sync
end

//------------------- 将差分曼码码解编成串行 NRZ 码 -------------------------

reg     CmdBit_out;

always @ ( posedge Clk2xG or posedge Reset)
begin                                         //检测移位寄存器 Shift_Buf [2:0]
    if ( Reset )CmdBit_out <= 0;
    else
        case ( Shift_Buf [2:0])
        3'b100 : CmdBit_out <= 1;
        3'b001 : CmdBit_out <= 1;
        3'b011 : CmdBit_out <= 1;
        3'b110 : CmdBit_out <= 1;

        3'b101 : CmdBit_out <= 0;
        3'b010 : CmdBit_out <= 0;
        endcase
end

//----------------- 检测 CRC 码 -------------------------------------

wire    CRC_FB = CRC_rx [7] ^ CmdBit_out;

always @ ( posedge Clk2xG or posedge Reset )
begin
    if ( Reset ) CRC_rx <= 8'hFF;
    else if( Rx_Cunt = = 0 ) CRC_rx <= 8'hFF;
    else if( Rx_Cunt[0] = = 1 )
        begin
            CRC_rx[0] <= CRC_FB;
            CRC_rx[1] <= CRC_rx[0];
            CRC_rx[2] <= CRC_rx[1];
```

```
                CRC_rx[3] <= CRC_rx[2];
                CRC_rx[4] <= CRC_rx[3] ^ CRC_FB;
                CRC_rx[5] <= CRC_rx[4] ^ CRC_FB;
                CRC_rx[6] <= CRC_rx[5];
                CRC_rx[7] <= CRC_rx[6];
        end
end

always @( posedge Clk2xG or posedge Reset )
begin
    if ( Reset ) CRC_Chk <= 8'hFF;
    else if( Rx_Cunt = = 240 ) CRC_Chk <= CRC_rx; //Rx_Cunt = 240 时保存 CRC_Chk
end

//-------------------- 将串行 NRZ 码转换成并行 NRZ 码 --------------------------------

always @ ( posedge Clk2xG or posedge Reset)         //将译码的 NRZ 码存进 Cmd_Buf
begin
    if ( Reset ) Cmd_Buf <= 8'b0;
    else if(Frame_Sync = = 1&&Rx_Cunt[0] = = 1)Cmd_Buf <= { Cmd_Buf[6:0], CmdBit_out };
end

always @ ( posedge Clk2xG or posedge Reset )
begin
    if ( Reset )
        begin
            CmdData[1]  <= 0;
            CmdData[2]  <= 0;
            CmdData[3]  <= 0;
            CmdData[4]  <= 0;
            CmdData[5]  <= 0;
            CmdData[6]  <= 0;
            CmdData[7]  <= 0;
            CmdData[8]  <= 0;
            CmdData[9]  <= 0;
            CmdData[10] <= 0;
            CmdData[11] <= 0;
            CmdData[12] <= 0;
            CmdData[13] <= 0;
            CmdData[14] <= 0;
            CmdData[15] <= 0;
```

```
          end
      else
          case ( Rx_Cunt )
          16:    CmdData[1]   < = Cmd_Buf;
          32:    CmdData[2]   < = Cmd_Buf;
          48:    CmdData[3]   < = Cmd_Buf;
          64:    CmdData[4]   < = Cmd_Buf;
          80:    CmdData[5]   < = Cmd_Buf;
          96:    CmdData[6]   < = Cmd_Buf;
          112:   CmdData[7]   < = Cmd_Buf;
          128:   CmdData[8]   < = Cmd_Buf;
          144:   CmdData[9]   < = Cmd_Buf;
          160:   CmdData[10] < = Cmd_Buf;
          176:   CmdData[11] < = Cmd_Buf;
          192:   CmdData[12] < = Cmd_Buf;
          208:   CmdData[13] < = Cmd_Buf;
          224:   CmdData[14] < = Cmd_Buf;
          240:   CmdData[15] < = Cmd_Buf;          //一帧的有效数据为 15 个字节
          endcase
end


//------------------- 获取 AD 采样的序号参数 --------------------------------

reg      [7:0] Serial_1, Serial_0;                //采样序列号放在数据帧的第 11,12 字节

always @ ( posedge Clk2xG or posedge Reset )
begin
    if ( Reset )
        begin
            Serial_1 < = 8'b0;
            Serial_0 < = 8'b0;
        end
    else if( Rx_Cunt = = 193 && ( req_Data ))
        begin
            Serial_1 < = CmdData[11];
            Serial_0 < = CmdData[12];
        end
end

//------------ 只有对方模块输出 Active_o = 0 时才可能将下列信号置 1 -------------
```

```verilog
always @( posedge Clk2xG or posedge Reset )
begin
    if ( Reset )
        begin
            req_Data      <= 1'b0;
            Empty_Cell    <= 1'b0;
        end
    else if( Frame_Sync = = 1 && Rx_Cunt = = 17 && Force_Passive = = 0 )
        begin
            if( CmdData[1] = = req_Data_code ) req_Data <= 1;
            else if ( CmdData[1] = = Empty_Cell_code ) Empty_Cell <= 1;    //空帧标志
        end
    else if ( Rx_Cunt = = 242 )   Empty_Cell <= 0; //  空帧标志一直保持到本帧的 242 位结束
    else if ( Have_Send = = 1 && Rx_Cunt = = 243 ) req_Data <= 0;
                                        //本站数据发送结束后立即清除数据发送请求标志
end


/* 为发送电路准备数据,因为有时需要转发全部接收到的数据,所以必须等待到 Rx_Cunt = 241
   Have_Send 是防止重复发送本站数据的标志信号.本站数据发送一次后,Have_Send 被置成 1,阻
   止向后面的空帧再次投放数据. Have_Send 被清除的条件是接收到新的 req_Data 命令. 立即将
   Have_Send 清零( Rx_Cunt = 18 ),准备新的数据
*/
reg      Local;                                   //要求发送本站数据的标志位


always @( posedge Clk2xG or posedge Reset )
begin
    if ( Reset )
        begin
            Tx_Data <= 120'b0;              //总共 15 个字节的待发送数据暂存寄存器
            Have_Send <= 1'b0;
            Local <= 0;
        end
    else if( Rx_Cunt = = 18 && req_Data ) Have_Send <= 0;
                                        //只有主动模块才能将 Empty_Cell 等信号置 1
    else if( Rx_Cunt = = 241 )          //这时 Tx_Cunt = 1
        begin
            if( Empty_Cell = = 1 && Have_Send = = 0 )
                                        //Have_Send 只有在第一个空帧时才发送本站数据
                begin
                    Have_Send <= 1;     //输出 2 个 AD 样点数据(6 个字节)
                    Local <= 1;
```

```verilog
                  if ( req_Data )Tx_Data <= { Data_Type, Local_No, MCU_Data[0],
                                   MCU_Data[1],MCU_Data[2],MCU_Data[3],
                                   MCU_Data[4],MCU_Data[5],
                                   Glob_No[15:8], Glob_No[7:0], Serial_1, Serial_0,
                                   16'h00, Dumy_CRC };
            end
        else if( CmdData[1] == Set_Act_code && CRC_Chk == 8'h00 )
                                  //转发 Set_Act 命令和修改的局部逻辑序号
            begin                             //Local_No 已经在 Rx_Cunt = 240 时赋值
                Local <= 1;
                Tx_Data <= { 8'h5A, Local_No, 32'hAA55AA55, 64'h0, Dumy_CRC };
            end
                            //转发 Set_Act 电源站命令并输出修改后的全局逻辑序号
        else if( CmdData[1] == 8'hA0 && CmdData[2] == 8'h0A && CRC_Chk == 8'h00 )
            begin
                Local <= 1;        //Glob_No 已经在 Rx_Cunt = 240 时赋值
                Tx_Data <= { 48'hA00A_AA55_AA55, Glob_No[15:8], Glob_No[7:0],
                              48'h0, Dumy_CRC };
            end
        else
            begin
                Local <= 0;          //原封不动地转发接收到的数据
                Tx_Data <= { CmdData[1], CmdData[2], CmdData[3], CmdData[4],
                              CmdData[5],CmdData[6],CmdData[7], CmdData[8],
                              CmdData[9], CmdData[10],CmdData[11],
                              CmdData[12],CmdData[13], CmdData[14], CmdData[15] };
            end
        end
    end
end

//------------------- 定向和中断 ---------------------------------------------


always @( posedge Clk2xG or posedge Reset )
begin
    if ( Reset )
        begin
            MCU_int     <= 1'b0;
            Active_o    <= 1'b0;
            Local_No    <= 8'b0;
            Glob_No     <= 16'b0;
```

Chapter 09

```verilog
//   CmdData 每帧都刷新, CmdData_o 用于保存命令数据, 等待 8051 读取
        CmdData_o[1] <= 8'b0;
        CmdData_o[2] <= 8'b0;
        CmdData_o[3] <= 8'b0;
        CmdData_o[4] <= 8'b0;
        CmdData_o[5] <= 8'b0;
        CmdData_o[6] <= 8'b0;
        CmdData_o[7] <= 8'b0;
        CmdData_o[8] <= 8'b0;
        CmdData_o[9] <= 8'b0;
        CmdData_o[10] <= 8'b0;
        CmdData_o[11] <= 8'b0;
        CmdData_o[12] <= 8'b0;
        CmdData_o[13] <= 8'b0;
        CmdData_o[14] <= 8'b0;
    end


    else if( Rx_Cunt = = 254 )   MCU_int <= 0; //让 MCU_int 产生一个 0.39 μs 的正脉冲

//---------------- 设置其他与发送本站数据无关的命令标志--------------------
    else if ( Frame_Sync = = 1 && Rx_Cunt = = 240 && Force_Passive = = 0 && CRC_rx = = 8'h00 )
    begin
        if ( CmdData[1] = = MCU_Cmd_code )
            begin
                MCU_int <= 1;                      //给 8051 发送 0.41 μs 的中断正脉冲
                CmdData_o[1] <= CmdData[1];
                CmdData_o[2] <= CmdData[2];
                CmdData_o[3] <= CmdData[3];
                CmdData_o[4] <= CmdData[4];
                CmdData_o[5] <= CmdData[5];
                CmdData_o[6] <= CmdData[6];
                CmdData_o[7] <= CmdData[7];
                CmdData_o[8] <= CmdData[8];
                CmdData_o[9] <= CmdData[9];
                CmdData_o[10] <= CmdData[10];
                CmdData_o[11] <= CmdData[11];
                CmdData_o[12] <= CmdData[12];
                CmdData_o[13] <= CmdData[13];
                CmdData_o[14] <= CmdData[14];
            end
```

```verilog
        else if ({CmdData[1], CmdData[2]} = = 16'hA00A && {CmdData[3], CmdData[4],
                CmdData[5],CmdData[6]} = = 32'hAA55AA55)
                                        Glob_No <= { CmdData[7], CmdData[8] } + 1;
                                        //生成和保存 FDU 的 Glob_No 逻辑串号

        else if ( CmdData[1] = = Set_Act_code&{ CmdData[3],CmdData[4],
                CmdData[5],CmdData[6] } = = 32'hAA55AA55 )
            begin
                Active_o <= 1;                      //置起主动标志
                Local_No <= CmdData[2] + 1;      //生成和存储 FDU 的 Local_No 逻辑串号
            end

        else if ( CmdData[1] = = 8'ha1 && { CmdData[7], CmdData[8]} = = Glob_No )
            begin
                MCU_int <= 1;                        //如果是本站同步命令,给 8051 发中断
                ADC_Sync <= 1;
                CmdData_o[1] <= CmdData[1];
                CmdData_o[3] <= CmdData[3];
                CmdData_o[4] <= CmdData[4];

            end
        end
end


/*********************** 发送部分代码 ***********************

reg        Cmd_End;

always @( posedge Clk2xG or posedge Reset )
begin
    if( Reset ) Cmd_End <= 1'b0;
    else if( Rx_Cunt = = 0 ) Cmd_End <= 1;
                                    //数据接收结束后,给出 3 个 Clk2xG 周期宽度的脉冲
    else if( Rx_Cunt = = 3 ) Cmd_End <= 0;
end

reg        [2:0]Cmd_End_d;

always @( posedge Tx_Clk2xG or posedge Reset )
begin
    if( Reset ) Cmd_End_d <= 3'b0;
    else  Cmd_End_d <= { Cmd_End_d[1], Cmd_End_d[0], Cmd_End };
```

```
end

assign    Data_RDY = ({ Cmd_End_d [2], Cmd_End_d[1]} = = 2'b01 )? 1:0;


//-----------------------定义发送寄存器-----------------------
reg      [7:0]Head_Buf;           //8 位同步头
reg      [119:0]Tx_Buf;           //15 个字节(120 bit)NRZ 数据发送缓冲器,包括 CRC 字节
reg      [7:0]Tx_Cunt;            //发送计数器
reg      Data_o;
wire     Head_o;
assign   Head_o = Head_Buf[7];    //以 32.768 MHz 频率发送头段

parameter  HeadPattern_1 = 8'b1100_0101;
parameter  HeadPattern_2 = 8'b0011_1010;


//------ 接收电路在完成 14 个字节的 CmdData 数据后,给出 Data_RDY,用来清零 Tx_Cunt

always @( posedge Tx_Clk2xG or posedge Reset )
begin
    if( Reset )Tx_Cunt < = 0;
    else if( Data_RDY = = 1 ) Tx_Cunt < = 0;
    else Tx_Cunt < = Tx_Cunt + 1;
end

//--------------------- 设置 Tx_Head 发送窗口 ---------------------
always @( posedge Tx_Clk2xG or posedge Reset )
begin
    if( Reset ) Tx_Head < = 1'b0;
    else if( Tx_Cunt = =0 ) Tx_Head < = 1;
    else if( Tx_Cunt = =8 ) Tx_Head < = 0;
end

assign   Frame_o = ( Tx_Head = = 1 )? Head_o : Data_o;
                                    //Tx_Head 用来选择发送 Head 还是 Data

//-------------------- 发送同步头 ---------------------------------

always @( posedge Tx_Clk2xG or posedge Reset )
begin
    if( Reset ) Head_Buf < = 8'b0;
    else if( Tx_Cunt = = 0 && Tx_Head = =0 ) Head_Buf < = ( Frame_o )? HeadPattern_1:
```

```
        else repeat( 8 )Head_Buf < = Head_Buf << 1;
end


//------------ 在 Clk2xG 的下降沿和 Tx_Cunt[0] = 0 时移位输出 NRZ 数据 ------------


reg         Create_CRC;

always @( negedge Tx_Clk2xG or posedge Reset )
begin
    if( Reset )    Tx_Buf < = 120'b0;
    else if( Tx_Cunt = = 6 )
        begin
            Tx_Buf < = Tx_Data;              //加载待发送的数据
            Create_CRC = Local;
        end
    else if( Tx_Cunt > 6 && Tx_Cunt[0] = = 0 ) Tx_Buf < = Tx_Buf << 1;
                                            //Tx_Cunt = 8 时开始移位输出数据

end


//----------------- 生成 CRC 校验码字节 -----------------------------


reg         [7:0]CRC_Buf;
wire        CRC_MSB = CRC_Buf[7];
wire        Tx_Buf_MSB = Tx_Buf[119];
wire        Tx_CRC_FB = CRC[7] ^ Tx_Buf_MSB;

always @( negedge Tx_Clk2xG or posedge Reset )
begin
    if ( Reset ) CRC < = 8'hFF;
    else if( Tx_Cunt = = 6 ) CRC < = 8'hFF;
    else if( Tx_Cunt[0] = = 0 )                     //Tx_Cunt = 6 是 CRC 码生成的起始点
        begin
            CRC[0] < = Tx_CRC_FB;
            CRC[1] < = CRC[0];
            CRC[2] < = CRC[1];
            CRC[3] < = CRC[2];
            CRC[4] < = CRC[3] ^ Tx_CRC_FB;
            CRC[5] < = CRC[4] ^ Tx_CRC_FB;
            CRC[6] < = CRC[5];
            CRC[7] < = CRC[6];
```

```
        end
end


//-------第 14 个字节结束时得到 CRC 码,Tx_Cunt = (224 + 8)开始移位输出 CRC------------

always @( posedge Tx_Clk2xG or posedge Reset )
begin
    if( Reset ) CRC_Buf < = 8'hff;
    else if( Tx_Cunt = = 230 ) CRC_Buf < = CRC;
    else if ( Tx_Cunt > 230 && Tx_Cunt[0] = = 0 ) CRC_Buf < = CRC_Buf << 1;
end


//---------------------------- 设置 CRC 发送窗口--------------------------------

always @( negedge Tx_Clk2xG or posedge Reset )
begin
    if( Reset ) Send_CRC < = 0;
    else if( Tx_Cunt = = 230 )Send_CRC < = 1;
    else if( Tx_Cunt = = 246 ) Send_CRC < = 0;
end


//---------------------- 切换移位寄存器输出 ------------------------------------

reg      Tx_Buf_MSB_2;

always @( negedge Tx_Clk2xG or posedge Reset )
begin
    if( Reset ) Tx_Buf_MSB_2 <= 0;
    else if( Tx_Cunt[0] = = 0 ) Tx_Buf_MSB_2 < = Tx_Buf_MSB;
end

assign    Tx_Data_b = ( Send_CRC && Create_CRC ) ? CRC_MSB : Tx_Buf_MSB_2;

//-------------- 在 Tx_Cunt[0] = 0 时利用 Clk2xG 的上升沿(数据位前沿)决定是否翻转极性

always @( posedge Tx_Clk2xG or posedge Reset )
begin
    if ( Reset ) Data_o < = 0;
```

```
    else if( Tx_Cunt[0] = = 0 )
        begin
            if( Tx_Data_b = = 0 ) Data_o <= ~Frame_o; //决定数据位边沿是否需要翻转极性
            else Data_o <=   Frame_o ;
        end
    else if( Tx_Cunt[0] = = 1 ) Data_o <= ~Frame_o; //在数据位的中心位置总是翻转极性
end


//-------------------- SyncHead 分频 --------------------------
reg        [14:0]Sync_cnt;
reg        [2:0]Sync_dly;

always @ ( posedge SyncHead or posedge Reset )
begin
    if( Reset ) Sync_cnt <= 15'b0;
    else   Sync_cnt <= Sync_cnt + 1;
end

always @ ( posedge Clk2xG ) Sync_dly <= { Sync_dly[1], Sync_dly[0], Sync_cnt[14]};
assignSync = ({ Sync_dly[2], Sync_dly[1]} = = 2'b01 )? 1:0;


endmodule
```

9.3 底层模块 Rx_Transmit 的仿真激励程序

```
`timescale 1ns /1ps
/*************************************************************
    此 testbench 是 Rx_Transmit.v 的仿真激励文件。
    注意:观察中断的产生
    ************************************************************* /


module testbench;


//Inputs
reg    Reset_i;
reg    Clk2x;                  //恢复时钟 VCXO Clk = 32.768 MHz
reg    Tx_Clk;                 //发送时钟 Tx_Clk2xG = 32.768 MHz
```

```verilog
wire            tb_Frame_o;
reg             Force_Passive;

reg             [7:0]Data_Type;
reg             [7:0]MCU_Data[0:7];// 8051 传递 8 个字节

// Outputs
wire            [7:0]CmdData_o[1:14];
wire            Active_o;
wire            MCU_int;
wire            Frame_o;
wire            [7:0]Local_No;
wire            [15:0]Glob_No;
wire            Sync;

wire            Local;
wire            [7:0]CRC_rx;
wire            [7:0]CRC_Chk;
wire            [7:0]CRC;
wire            [7:0]CRC_Buf;

wire            Have_Send;
wire            Frame_Sync;
wire            [7:0]Rx_Cunt;
wire            [7:0]Cmd_Buf;
wire            [119:0]Tx_Data;
wire            Empty_Cell;
wire            req_Data;

wire            Cmd_End;
wire            Data_RDY;

wire            [119:0]Tx_Buf;
wire            [7:0]Tx_Cunt;
wire            Tx_Head;
wire            Send_CRC;

Rx_Transmit Rx_Transmit_0 (
            .Reset( Reset_i ),
            .Clk2x( Clk2x ),
```

```
.Tx_Clk2xG( Tx_Clk ),
.Data_i( tb_Frame_o ),
.Force_Passive( Force_Passive ),

.Data_Type( Data_Type ),
.MCU_Data( { MCU_Data[0], MCU_Data[1], MCU_Data[2], MCU_Data[3], MCU_Data[4],
            MCU_Data[5] } ),

.CmdData_o( { CmdData_o[1], CmdData_o[2], CmdData_o[3], CmdData_o[4],
            CmdData_o[5], CmdData_o[6], CmdData_o[7], CmdData_o[8],
            CmdData_o[9], CmdData_o[10],CmdData_o[11], CmdData_o[12],
            CmdData_o[13], CmdData_o[14]} ),
.Active_o( Active_o ),
.MCU_int( MCU_int ),
.Frame_o( Frame_o ),
.Local_No( Local_No ),
.Glob_No( Glob_No ),
.Sync( Sync ),

.Local( Local ),
.CRC_rx( CRC_rx ),
.CRC_Chk( CRC_Chk ),
.CRC( CRC ),
.CRC_Buf( CRC_Buf ),

.Have_Send( Have_Send ),
.Frame_Sync( Frame_Sync ),
.Rx_Cunt( Rx_Cunt ),
.Cmd_Buf( Cmd_Buf ),
.Tx_Data( Tx_Data ),
.Empty_Cell( Empty_Cell ),
.req_Data( req_Data ),

.Cmd_End( Cmd_End ),
.Data_RDY( Data_RDY ),

.Tx_Buf( Tx_Buf ),
.Tx_Cunt( Tx_Cunt ),
.Tx_Head( Tx_Head ),
.Send_CRC( Send_CRC )
);
```

```verilog
//--------------- Setup input signal --------------------------------

initialbegin
    Clk2x = 0;
    Tx_Clk = 0;
    end
always #(15) Clk2x = ~Clk2x;
always #(15) Tx_Clk = ~Tx_Clk;

initialbegin
    Reset_i = 1;
    #50;
    Reset_i = 0;
    end


initial  begin   // 赋仿真初始值(输入数据)

        Force_Passive = 1'b0;        // 此语句意味对方模块设置成被动模式

        Data_Type    = 8'h c0;

        MCU_Data[0] = 8'h a1;
        MCU_Data[1] = 8'h a2;
        MCU_Data[2] = 8'h a3;
        MCU_Data[3] = 8'h b1;
        MCU_Data[4] = 8'h b2;
        MCU_Data[5] = 8'h b3;
        MCU_Data[6] = 8'h c1;
        MCU_Data[7] = 8'h c2;
end


//--------------------- 生成测试波形 --------------------------------
reg     [7:0]Head_Buf ;
reg     [119:0]Data_Buf ;              // 发送 120 NRZ 数据位
reg     [7:0]tb_Cunt;
reg     tb_Tx_Head;
wire    Data_inb;
reg     tb_Data_o;
wire    tb_Head_o;
```

```
assign    Data_inb = Data_Buf[119];  //  work at Clk1x
assign    tb_Head_o = Head_Buf[7];   //  work at Clk2x


// Tx_Head = 1 时发送同步头,否则发送编码的数据


assigntb_Frame_o = ( tb_Tx_Head = = 1 )? tb_Head_o : tb_Data_o;


parameter   HeadPattern_1 = 8'b1100_0101;
parameter   HeadPattern_2 = 8'b0011_1010;


//--------------------------- 发送同步头 -------------------------------

always @( posedge Clk2x or posedge Reset_i )
begin
    if( Reset_i )tb_Cunt < = 0;
    else tb_Cunt < = tb_Cunt + 1;
end


//------------------- 设置 tb_Tx_Head 发送控制信号 -------------------

always @( posedge Clk2x or posedge Reset_i )
begin
    if( Reset_i ) tb_Tx_Head < = 1'b0;
    else if( tb_Cunt = = 0 ) tb_Tx_Head < = 1;
    else if( tb_Cunt = = 8 ) tb_Tx_Head < = 0;
end


//------------------- 利用 tb_Cunt 控制发送同步头或数据 ------------------

always @( posedge Clk2x or posedge Reset_i )
begin
    if( Reset_i ) Head_Buf < = 8'b0;
    else if( tb_Cunt = = 0 && tb_Tx_Head = = 0 ) Head_Buf < = ( Frame_o )? HeadPattern_1:
HeadPattern_2 ;
    else repeat( 8 )Head_Buf < = Head_Buf << 1;
end


//----------- 定义一个 TxData_Sw 信号,用于轮换发送两个不同的数据帧 ------------

reg      TxData_Sw;
```

```verilog
always @ ( posedge tb_Tx_Head or posedge Reset_i )
begin
    if ( Reset_i ) TxData_Sw <= 0;
    else   TxData_Sw <= ~ TxData_Sw;
end


//----------- 选择装进 Tx_Buf 要发送的数据,第 15 个字节应填写正确的 CRC 码 ------------

always @( negedge Clk2x or posedge Reset_i )
begin
    if( Reset_i )Data_Buf <= 120'b0;
    else if( tb_Cunt = = 6 )
    begin
//------- 交替发送 req_AD 命令和空帧命令
// if(TxData_Sw = = 1) Data_Buf <= 120'h 57_11_22_33_44_55_66_77_88_99_aa_bb_cc_dd_ea;
    else                    Data_Buf <= 120'h 58_11_11_22_22_33_33_44_44_55_55_66_66_77_7a;

//------- 交替发送 MCU 命令和空帧命令,观察 MCU_Int 发生,正确 CRC = h67
    if(TxData_Sw = = 1)Data_Buf <= 120'h 54_11_22_33_44_55_66_77_88_99_aa_bb_cc_ff_67;
    else            Data_Buf <= 120'h 50_00_00_00_00_00_00_00_00_00_00_00_00_00_55;

//------- 交替发送电源站定向命令和空帧命令
//   if(TxData_Sw = = 1)Data_Buf <= 20'h a0_0a_aa_55_aa_55_00_00_00_00_00_00_00_00_de;

//   else                Data_Buf <= 120'h 50_00_00_00_00_00_00_00_00_00_00_00_00_00_00;

//------- 交替发送采集站定向命令和空帧命令,观察置 Active_o = 1
//   if(TxData_Sw = = 1)Data_Buf <= 120'h 5a_00_aa_55_aa_55_00_00_00_00_00_00_00_00_e2;
//   else                Data_Buf <= 120'h 50_00_00_00_00_00_00_00_00_00_00_00_00_00_00;

//------- AD 同步命令(b0)和空帧命令交替发送
// if (TxData_Sw = = 1)Data_Buf <= 120'h a1_00_05_c1_22_33_00_00_66_77_88_99_aa_ff_cf;
// else                Data_Buf <= 120'h 50_00_00_00_00_00_00_00_00_00_00_00_00_ff_00;
    end
    else if( tb_Cunt > 8 && tb_Cunt[0] = = 1   ) Data_Buf <= Data_Buf << 1;
end


//-------------数据的差分曼码编码和发送 -----------------------------
```

```
always @( posedge Clk2x or posedge Reset_i )
begin
    if ( Reset_i ) tb_Data_o <= 0;
    else if( tb_Cunt[0] = = 0 )
        begin
            if( Data_inb = = 0 ) tb_Data_o <= ~tb_Frame_o;
                                            //决定数据位边沿是否需要翻转极性

            else tb_Data_o <=   tb_Frame_o ;
        end
    else if( tb_Cunt[0] = = 1 ) tb_Data_o <= ~tb_Frame_o;
                                        //在数据位的中心位置总是翻转极性

end
endmodule
```

9.4　底层模块 Rx_Transmit 的仿真波形

图 9.1 是 Rx_Transmit 的仿真波形。该仿真波形展示给采集站发送一条采集站 MCU 命令的结果。内容是 h54_11_22_33_44_55_66_77_88_99_aa_bb_cc_ff_67。其中第 1 个字节 h54 是采集站 MCU 命令的标识码,最后 1 个字节 h67 是正确的 CRC8 码。MCU 命令将产生 1 个中断脉冲 MCU_int,请注意观察图 9.1 仿真波形中的 MCU_int 正脉冲,其宽度大约 0.4 μs。

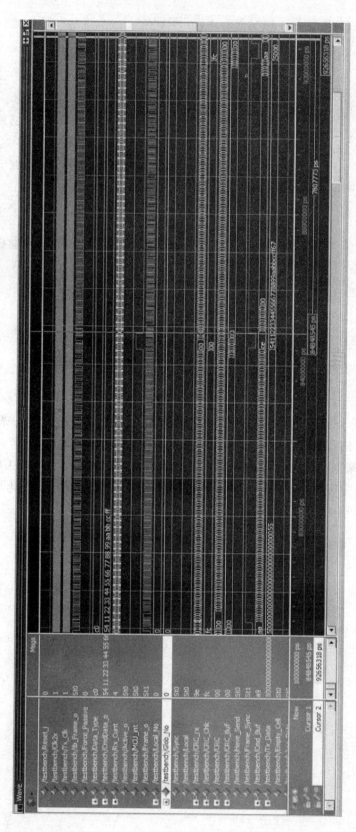

图 9.1 Rx_Transmit 的仿真波形

10 Chapter 10
混合功能站 FPGA 的 HDL 设计

交叉站、电源站、混合功能站的 FPGA 电路设计几乎是完全一样的,三者的主要区别是混合功能站 CPU 有 3 个网口,交叉站 CPU 有 2 个网口,电源站只有 1 个网口(用于调试,并非必要)。所以电源站、交叉站、混合功能站采用同一块 PCB 母板,上面有一个网口,可执行基本的电源站功能。如果用作交叉站或混合站,需增加网口时可加接一块包含交换机芯片的子板。下文介绍的 FPGA 部分原理图是一个早期的设计,仅提供给读者以帮助理解电源站、交叉站的工作原理。FPGA 采用的是 Xilinx 的 Spartan3 AN 系列芯片 XCS3400AN,CPU 采用的 Freescale 的 Qor IQ 系列 P1011 处理器。两者通过 P1011 的 Local BUS 交换数据。CPU 部分的设计是常规的,本书省略。

需要指出的是,该设计从 FPGA 的 InFIFO→存储器→OutFIFO 的传输数据都经由飞思卡处理器的 Local BUS,这种传输必须有 CPU 干预,这就严重地降低了数据的流通速率。试验发现在串联 1000 道采集站的测线中回传地震数据时,在靠近交叉站附近的电源站中会出现严重的堵塞现象。所以我们后来已经改成采用 Xilinx 的内含双 ARM9 的 Zynq7000 SOC 芯片,InFIFO 和 OutFIFO 与存储器的数据交换都通过 DMA 方式进行,不再需要 CPU 干涉,从而提高了数据传输速度,以满足实时传输的要求。

10.1 混合功能站中的交叉站功能设计

混合功能站可以执行交叉站和电源站功能。但不管是执行哪种功能,其 FPGA 只负责测线方向上的数字通信,所以混合功能站 FPGA 的设计仅针对测线上的命令发送和数据接收。每个混合功能站中含有 1 个顶层模块 CX_Top 和 2 个底层功能模块 CX_Low。当设置成交叉站时,2 个 CX_Low 模块都是主动模块。交叉站和中央站的数字通信是通过 CPU 的以太网口实现的,交叉站的 CPU 从以太网上获取中央站发出的电源站命令,剥去 TCP-IP 封装后分别写进 2 个 CX_Low 模块的命令寄存器,起始地址分别是 0xfa000010 和 0xfa000020。发送命令同时将命令中的转移参数传递给状态机 FSM,FSM 输出采集站命令。电源站命令由 8 个 word 组成,命令的前 7 个 word 是中央站来的命令数据。第 8 个 word 是用于 CPU 和 FPGA 握手控制字,其值是 h5555 或 h6666,标志 CPU 命令结束。

CX_Low 模块在发送时钟计数器 Tx_Cunt=6 时检查 word8 内容,若等于 h5555 或 h6666,立即将 word1～word7 装进命令缓冲寄存器 Tx_Buf。如果 word8=h5555,就给 Top 模块发回一个数据装填完成的信号 CPU_CMD_Loded。CPU_CMD_Loded=1 使得 word8 中的 h5555 立即清零。CPU 检查发现 word8 被清零就知道命令已被发送。等到下一帧的 Tx_Cunt=6 时如果没有新的 CPU 命令(word8=0),Tx_Buf 转而加载和发送状态机 CX_FSM 生成的采集站命令,这些功能在前面状态机的设计一章中已有详细说明。

word8=h6666 是专为线速打包功能设计的。所谓线速打包就是让 CX_Low 模块以最高的数据传输率不停地发送一个固定的数字码序。CPU 发送一个 7 个 word 的固定码序,第 8 个 word 发送 h6666。当 CX_Low 模块检测到 word8＝h6666 时就发送该码序，但是不给 Top 模块发回 CPU_CMD_Loded 信号，所以 h6666 不会被清零。这样发送电路就只能继续发送原先那条 CPU 命令，直到 CPU 写新的码序或在 word8 中改写 h5555。线速打包用来分析不同数据码序的码间干扰和测试误码率。

因为 CPU 和 CX_Low 模块不在同一个时钟域内操作，为消除相互之间数据传输的不确定性，必须将两者转换到同一个时钟域。其中包括将 CX_Low 模块的 CPU_CMD_Loded 信号从 FPGA 的 Clk2x 域(32 MHz)转到 clk_8x 域(131 MHz)，同时把 CPU 的双向口使信号 REG_Wr 的 CPU 时钟域也转换到 clk_8x 域。在混合功能站的 verilog 设计中很多地方都做了这种处理，以确保不同时域逻辑功能块之间的数据传递能可靠进行。

交叉站发送的电源站命令都以 ha0 开头。ha0 开头的命令能贯穿整条测线，所有的采集站和电源站都必须无条件地转发。在交叉站和每个电源站中，中央站的电源站命令被转换成 h5 开头的采集站命令，h5 开头的采集站命令传输到下一个电源站就被废止。但有一个例外，"AD 同步命令"(ha014 开头)在交叉站被转换成 2 000 条"AD 同步子命令"，子命令以 ha1 打头。ha1 实际上是全局命令，测线上的每个电源站和采集站都要接收、转发、判断和执行相应的操作。但电源站的 FSM 不响应 ha014 命令中的转移参数，不输出任何采集站命令。

交叉站的数据接收功能从输入数据流中恢复出时钟和数据，从中检测出同步头，将差分曼码解码转变成 NRZ 码。接收逻辑检查数据帧同步头后的第一个字节(数据类型 Data_Type)。如果发现第一个字节是 hc，即认为是合法的同步数据帧或异步数据帧，就将其写进 In_FIFO 存储器。In_FIFO 存储器的写入宽度是 128 位，读出宽度是 16 位。CX_Low 在 Rx_Cunt＝240 时如果检测到数据帧的第一个字节是 hc 而且数据帧无错(CRC_rx＝0)，就将接收到的完整一帧数据(14 个字节，112 bit)，再尾缀一个 h5555 拼成 1 个 128 位的数据写进 In_FIFO。

In_FIFO 提供了如 FULL(已满)，AFULL(快满)，EMPTY(已空)，AEMPTY(快空)，WRCNT(写计数)等状态信号线，CPU 可以选择需要的信号控制对 In_FIFO 的读操作。

CX_Low 对接收到的数据执行数据帧的 CRC 校验和错误计数，CPU 可以通过读双向口检查出错情况，读操作将自动清除错误计数器。

Chapter 10

10.2　混合功能站中的电源站功能设计

电源站中的 FPGA 设计和交叉站基本相同。不同的是电源站需要转发接收到的 ha0 电源站命令和 ha1 全局采集站命令，同时还要转发下游电源站或下游测线段的数据。

当混合功能站被设置成电源站时，2 个底层模块 CX_Low 在中央站发送定向命令后分别被设置成主动模块和被动模块。

主动模块用于接收上游测线的电源站命令和采集站同步数据，对数据帧进行 CRC 校验，从中筛选 hc 开头的数据帧和 ha 开头的命令帧。将无 CRC 错的 hc 数据帧写进 In_FIFO。主动模块必须无条件转发从测线上接收到的所有 ha 命令（即 ha0 和 ha1 命令），ha0 命令中如有有效转移参数就交付 FSM 生成和发送采集站命令。

主动模块的数据接收逻辑在接收到 ha 命令时，立即置起 ha_CMD_flag。ha_CMD_flag 的优先级最高，当发送逻辑发现 ha_CMD_flag＝1 时首先加载和转发 ha 命令。ha_CMD_flag 标志在 Tx_Buf 加载后自动撤除。接收逻辑在接收和转发 ha0 命令的同时保存全部 ha0 命令参数并给 CPU 发送中断，CPU 将根据命令内容采取必要的操作。

被动模块的接收电路接收下游测线的异步数据或同步数据，对数据帧进行 CRC 校验，从中筛选无 CRC 错的 hc 数据帧写进 In_FIFO，等待 CPU 读走。被动模块的发送电路从 Out_FIFO 中读出 CPU 写的异步包数据，将其发送给上游电源站或交叉站。

混合功能站中还包含对测线 48 V 电源的控制和检测功能，详细见本书前面的说明。交叉站的 Top 模块包含对爆炸机的控制寄存器。

10.3 混合功能站 FPGA 的电原理图

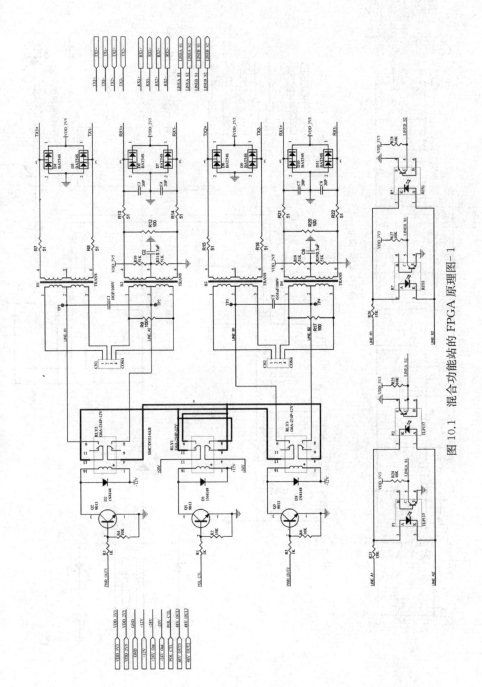

图 10.1 混合功能站的 FPGA 原理图-1

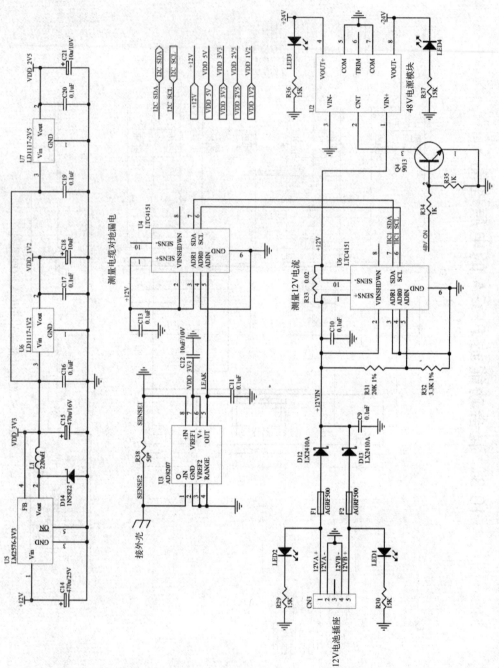

图 10.2　混合功能站的 FPGA 原理图- 2

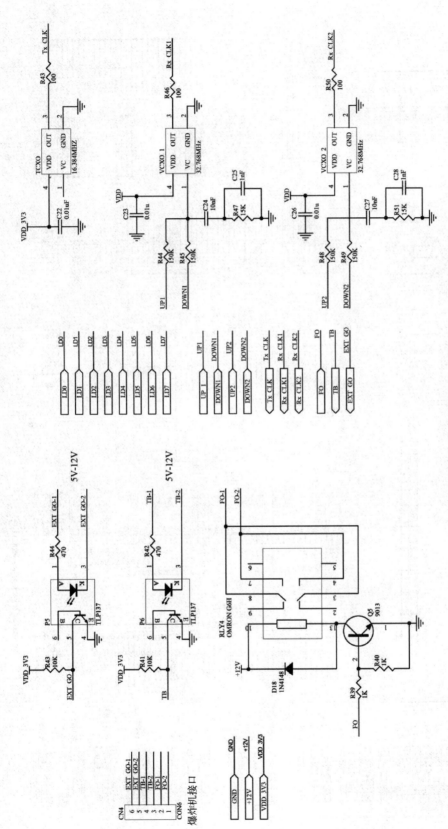

图 10.3 混合功能站的 FPGA 原理图- 3

Chapter 10

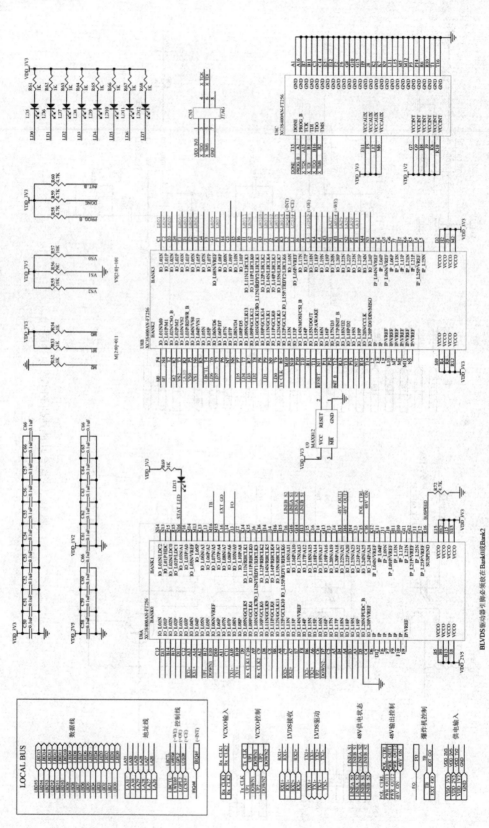

图 10.4 混合功能站的 FPGA 原理图 - 4

表 10.1 混合功能站的双向口地址分配表

LA	地　址	写功能	读功能
0	0xfa000000	[0]=RESET_In_FIFO，[1]=RESET_Out_FIFO	读 2 个 In_FIFO 的状态
1	0xfa000002	NC	读 In_FIFO—1 数据
2	0xfa000004	NC	读 In_FIFO—2 数据
3	0xfa000006	NC	读 In_FIFO_1 的写计数（字节数）｛ 8'b0，WRCNT_1 ｝
4	0xfa000008	NC	读 In_FIFO_2 的写计数（字节数）｛ 8'b0，WRCNT_2 ｝
5	0xfa00000a	[0]=Set_DYZ	读 CPU_CMD_5 的 bit[0]（Set_DYZ 状态）
6	0xfa00000c	写 Out_FIFO_1 数据，16 位宽度	读被动模块的 Out_FIFO_FULL 信号
7	0xfa00000e	写 Out_FIFO_2 数据，16 位宽度	读 CJZ_Cmd_2 和 CJZ_Cmd_1
8	0xfa000010	写 CPU 命令 word 1，测线端口 1 的起始地址	读 ha0 命令的 CMD_word1
9	0xfa000012	写 CPU 命令 word 2	读 ha0 命令的 CMD_word2
10	0xfa000014	写 CPU 命令 word 3	读 ha0 命令的 CMD_word3
11	0xfa000016	写 CPU 命令 word 4	读 ha0 命令的 CMD_word4
12	0xfa000018	写 CPU 命令 word 5	读 ha0 命令的 CMD_word5
13	0xfa00001a	写 CPU 命令 word 6	读 ha0 命令的 CMD_word6
14	0xfa00001c	写 CPU 命令 word 7	读 ha0 命令的 CMD_word7
15	0xfa00001e	写 CPU 命令 word 8	读握手字 CPU_CMD_15

LA	地　址	写功能	读功能
16	0xfa000020	写 CPU 命令 word 1，测线端口 2 的起始地址	NC
17	0xfa000022	写 CPU 命令 word 2	读并清除 ERRCNT_1
18	0xfa000024	写 CPU 命令 word 3	读并清除 ERRCNT_2
19	0xfa000026	写 CPU 命令 word 4	NC
20	0xfa000028	写 CPU 命令 word 5	NC
21	0xfa00002a	写 CPU 命令 word 6	NC
22	0xfa00002c	写 CPU 命令 word 7	NC
23	0xfa00002e	写 CPU 命令 word 8	读握手字 CPU_CMD_23
24	0xfa000030	NC	NC
25	0xfa000032	NC	读 Active_o_1 和 Active_o_2
26	0xfa000034	NC	读主动模块的 Glob_No
27	0xfa000036	[0]=1 发送起爆点火命令 FO	读爆炸机接口信号 {14'b0, TB, EXT_GO }
28	0xfa000038	写 48 V 电源控制寄存器 PWR_CTRL	读 48 V 控制寄存器 PWR_CTRL 的状态
29	0xfa00003a	NC	读测线供电极性寄存器 PWR_STAT

10.4　混合功能站的 HDL 程序代码

1. 顶层模块 CX_Top

```
`timescale 1ns /1ps
/****************************************************************
****************************
    本工程项目是混合功能站的代码.既可执行交叉站功能,又可执行电源站功能。
    设定的数据传输率是 16 M,LVDS 接口,差分曼码编码。
1. 设置成交叉站时 2 个模块都是主动模块。分别向左右 2 个测线端口发送命令(起始地址分别是
   0xfa000010 和 0xfa000020)。同时从左右 2 个测线端口接收回传的异步数据或同步数据。
2. 设置成电源站时 2 个模块分别被配置成主动模块和被动模块。主动模块负责发送电源站命令和
   采集站命令,被动模块负责接收和发送异步数据。
   CPU 双向口地址见下表:
```

LA	地址	写功能	读功能
0	0xfa000000:	[0][1]复位 In_FIFO 和 Out_FIFO	读 FIFO_STAT(2 个 In_FIFO 的状态)
1	0xfa000002:	NC	读 In_FIFO_1 数据(16 位宽)
2	0xfa000004:	NC	读 In_FIFO_2 数据(16 位宽)
3	0xfa000006:	NC	读 In_FIFO_WCNT_1,低 8 位
4	0xfa000008:	NC	读 In_FIFO_WCNT_2,低 8 位
5	0xfa00000a:	[0] = Set_DYZ	读 CPU_CMD_5,[0] = Set_DYZ
6	0xfa00000c:	写 Out_FIFO_1 数据	读被动模块的 Out_FIFO_FULL 信号
7	0xfa00000e:	写 Out_FIFO_2 数据	读 CJZ_Cmd_2,CJZ_Cmd_1
8	0xfa000010:	写 CPU_CMD_8,命令字 1:端口 1	读 CMD_word1
9	0xfa000012:	写 CPU_CMD_9, 命令字 2	读 CMD_word2
10	0xfa000014:	写 CPU_CMD_10,命令字 3	读 CMD_word3
11	0xfa000016:	写 CPU_CMD_11,命令字 4	读 CMD_word4
12	0xfa000018:	写 CPU_CMD_12,命令字 5	读 CMD_word5
13	0xfa00001a:	写 CPU_CMD_13,命令字 6	读 CMD_word6
14	0xfa00001c:	写 CPU_CMD_14,命令字 7	读 CMD_word7
15	0xfa00001e:	写 CPU_CMD_15,命令字 8	读 CPU_CMD_15

16	0xfa000020:	写 CPU_CMD_16,命令字 1:端口 2	NC
17	0xfa000022:	写 CPU_CMD_17,命令字 2	读并清除 ERRCNT_1
18	0xfa000024:	写 CPU_CMD_18,命令字 3	读并清除 ERRCNT_2
19	0xfa000026:	写 CPU_CMD_19,命令字 4	NC
20	0xfa000028:	写 CPU_CMD_20,命令字 5	NC
21	0xfa00002a:	写 CPU_CMD_21,命令字 6	NC
22	0xfa00002c:	写 CPU_CMD_22,命令字 7	NC
23	0xfa00002e:	写 CPU_CMD_23,命令字 8	读 CPU_CMD_23
24	0xfa000030:	NC	NC
25	0xfa000032:	NC	读 Active_o_1 和 Active_o_2
26	0xfa000034:	NC	读主动模块的 Glob_No
27	0xfa000036:	[0] = FO,起爆命令	读爆炸机接口的 TB、EXT_GO 信号
28	0xfa000038:	写 48 V 控制寄存器 PWR_CTRL	读 48 V 控制寄存器 PWR_CTRL 的状态
29	0xfa00003a:	NC	读测线供电极性寄存器 PWR_STAT

```
***********************************************************
*****************************/
module CX_Top(
input      Reset_i,            // MAX810 输入正复位脉冲
input      Clk16_i,            // 16.384 MHzTCXO,倍频后做发送时钟

input      Rx_Clk1,            // ( CLK1 ) VCXO - 1
output     UP_1,               // ( UP - 1 )
output     DOWN_1,             // ( DOWN - 1 )
input      LVDS_IN_p1,         // ( RX1 + )
input      LVDS_IN_n1,         // ( RX1 - )
output     LVDS_OUT_p1,        // ( TX1 + )
output     LVDS_OUT_n1,        // ( TX1 - )

input      Rx_Clk2,            // ( CLK2 ) VCXO - 2
output     UP_2,               // ( UP - 2 )
output     DOWN_2,             // ( DOWN - 2 )
input      LVDS_IN_p2,         // ( RX2 + )
input      LVDS_IN_n2,         // ( RX2 - )
output     LVDS_OUT_p2,        // ( TX2 + )
output     LVDS_OUT_n2,        // ( TX2 - )

output     CPU_int,            // FPGA 给 CPU 的中断
```

```
//---- 与 CPU 接口的 I/O 引脚

inout      [15:0]LBD,              // LBD[0] - LBD[15]
input      [4:0]LA,               // LA[0] - LA[4],对应(LA30 - LA26),A31 是字节地址,不用
input      CPU_WE_PAD,            // CPU LocalBUS WE
input      CPU_OE_PAD,            // CPU LocalBUS OE
input      CPU_CS_PAD,            // CPU LocalBUS CS
input      LBCTL,                 // LocalBUS CTRL

// ---- 48 V 电源极性测试和输出控制

input      LINEA_S1,              // 端口 1 的 48 V 输入极性
input      LINEA_S2,              // 端口 1 的 48 V 输入极性
input      LINEB_S1,              // 端口 2 的 48 V 输入极性
input      LINEB_S2,              // 端口 2 的 48 V 输入极性

output     POL_CTRL,              // 48 V 输出极性控制
output     PWR48 V_ON,            // 48 V 电源总开关
output     PWR48 V_OUT1,          // 控制 48 V_Out1 继电器
output     PWR48 V_OUT2,          // 控制 48 V_Out2 继电器

// ------------ 爆炸机控制信号 -------------------------------------------
input      EXT_GO,                // 外部输入允许起爆信号
input      TB,                    // 起爆后的时断信号
output     FO,                    // 输出点火信号

// ------------------- 指示灯和测试点引脚 --------------------------------

//output [7:0]TP,                 // 测试点
output     reg STAT_LED,          // 测线通信状态指示灯
output     [7:0]LED               // LED[7] - LED[0],测试 LED

);

// --------------- FPGA 发现 ha0 命令后给 CPU 的中断 --------------------
wire       CPU_int_1;
wire       CPU_int_2;
assign     CPU_int = CPU_int_1 | CPU_int_2;

// ---------------- 定义错误数据帧计数器和正确数据帧计数器 ----------------
```

```verilog
wire       [15:0]ERRCNT_1;        // CX_Low_1 错误数据帧计数
wire       [15:0]ERRCNT_2;        // CX_Low_2 错误数据帧计数
```

// ------------------ 当正反方向通信都存在时,闪亮 STAT_LED ------------------
//   用两个模块的 SyncHead 分频输出的 Sync 来驱动采集站状态指示灯

```verilog
wire       Sync_1, Sync_2;
wire       AN1, AN2;
assign     AN1 = Sync_1 && ! AN2;
assign     AN2 = Sync_2 && ! AN1;
always @( posedge AN1 )
begin
    STAT_LED < = ! STAT_LED;
end
```

// ------------------ 8 个 LED 指示灯分别显示端口 1 和 2 的实时数据帧错误 -------------

```verilog
assign  LED[3:0] = ~ERRCNT_1[3:0];
assign  LED[7:4] = ~ERRCNT_2[3:0];
```

// ------------------ LVDS 输入输出逻辑 --

```verilog
wire       Data_i_1;
wire       Data_i_2;
wire       Frame_o1;
wire       Frame_o2;

IBUFDS UI1 ( .I(LVDS_IN_p1), .IB(LVDS_IN_n1), .O(Data_i_1));      // LVDS 接收器 1
OBUFDS UO1 (.O(LVDS_OUT_p1),.OB(LVDS_OUT_n1), .I(Frame_o1));
                                                                 // LVDS 发送器 1
IBUFDS UI2 ( .I(LVDS_IN_p2), .IB(LVDS_IN_n2), .O(Data_i_2));      // LVDS 接收器 2
OBUFDS UO2 (.O(LVDS_OUT_p2),.OB(LVDS_OUT_n2), .I(Frame_o2));      // LVDS 发送器 2
```

// --------------------------- 输入信号缓冲 ---------------------------------

```verilog
wire       Reset;
wire       CPU_WE;
wire       CPU_OE;
wire       CPU_CS;

IBUF     INBUF_0 ( .I( Reset_i ), .O( Reset ));                   // MAX812 输出的正复位脉冲
IBUF     INBUF_1 ( .I( CPU_WE_PAD ), .O( CPU_WE ));
```

```verilog
IBUF      INBUF_2 ( .I( CPU_OE_PAD ), .O( CPU_OE ));
IBUF      INBUF_3 ( .I( CPU_CS_PAD ), .O( CPU_CS ));


//----------------------生成 CLK16x2 和 CLK16x8 ------------------------
wire      Tx_ClkG;
wire      clk_8x;
BUFG      BUFG_0 (.I(Clk16_i), .O(Clk16));


CLK16x2   CLK16x2_0(
          .CLKIN_IN(Clk16),
          .RST_IN(1'b0),
          .CLK0_OUT(CLK_CPU_REF),
          .CLK2X_OUT(Tx_ClkG));         // 生成 2x(32,768 MHz)时钟


CLK16x8 CLK16x8_0(
          .CLKIN_IN(Clk16),
          .RST_IN(1'b0),
          .CLKFX_OUT(clk_8x)             // 生成 8x(131.072 MHz)的时钟
          );


// ------------------ 定义(由 CPU 写入)FPGA 内部的寄存器 -----------------------

reg       [15:0]CPU_CMD_0;          // Reset 2 个 In_FIFO
//reg     [15:0]CPU_CMD_1;
//reg     [15:0]CPU_CMD_2;
//reg     [15:0]CPU_CMD_3;
//reg     [15:0]CPU_CMD_4;
reg       [15:0]CPU_CMD_5;          // 地址:0xfa00000a,bit[0] = Set_DYZ
//reg     [15:0]CPU_CMD_6;          // 地址:0xfa00000c,写 Out_FIFO_1
//reg     [15:0]CPU_CMD_7;          // 地址:0xfa00000e,写 Out_FIFO_2
reg       [15:0]CPU_CMD_8;          // 端口 1 起始地址,0xfa000010
reg       [15:0]CPU_CMD_9;
reg       [15:0]CPU_CMD_10;
reg       [15:0]CPU_CMD_11;         // CPU 写 8 个命令 word
reg       [15:0]CPU_CMD_12;
reg       [15:0]CPU_CMD_13;
reg       [15:0]CPU_CMD_14;
reg       [15:0]CPU_CMD_15;         // 端口 1 握手 word,0x5555 或 0x6666
reg       [15:0]CPU_CMD_16;         // 端口 2 起始地址,0xfa000020
reg       [15:0]CPU_CMD_17;
reg       [15:0]CPU_CMD_18;
```

```
reg        [15:0]CPU_CMD_19;        // CPU 写 8 个命令 word
reg        [15:0]CPU_CMD_20;
reg        [15:0]CPU_CMD_21;
reg        [15:0]CPU_CMD_22;
reg        [15:0]CPU_CMD_23;        // 端口 2 握手 word,0x5555 或 0x6666
//reg      [15:0]CPU_CMD_24;
//reg      [15:0]CPU_CMD_25;
//reg      [15:0]CPU_CMD_26;
reg        [15:0]CPU_CMD_27;        // LA = 27,地址:0xfa000036,bit[0] = FO
reg        [15:0]PWR_CTRL;          // LA = 28,地址:0xfa000038,48 V 电源控制寄存器


// ------------- 定义功能切换切换、放炮、48 V 电源等控制信号 ----------------------

wire       Set_DYZ;
assign     Set_DYZ = CPU_CMD_5[0];              // 初始化 Set_DYZ = 1,设置成电源站
assign     FO = CPU_CMD_27[0];                  // 起爆点火命令位

assign     PWR48 V_ON   = PWR_CTRL[0];          // 48v_on
assign     POL_CTRL     = PWR_CTRL[1];          // 48 V_POL_CTRL
assign     PWR48 V_OUT1 = PWR_CTRL[2];          // 48v_out1
assign     PWR48 V_OUT2 = PWR_CTRL[3];          // 48v_out2


// ------------------ 定义 In_FIFO 和 Out_FIFO 复位信号 -------------------------

wire       Reset_Out_FIFO;
wire       Reset_In_FIFO;
assign     Reset_Out_FIFO = CPU_CMD_0[1];       // 定义 Out_FIFO 复位信号
assign     Reset_In_FIFO = CPU_CMD_0[0];        // 定义 In_FIFO 复位信号


// --------------------------- 定义双向 I/O 口 -------------------------------

wire       DataCtl;
assign     DataCtl = LBCTL|CPU_CS;              // CPU 的 LBCTL 和 CS 同时为低电平时,DataCtl = 0
reg        [15:0]Read_Data;                     // CPU 读双向口的数据总线
wire       [15:0]Y;                             // CPU 写双向口的数据总线
assign     Y = LBD;
assign     LBD = ( DataCtl = = 0 )? Read_Data; 16'bzzzzzzzzzzzzzzzz;


//----- CPU_CMD_15 和 CPU_CMD_23 要用 CX_Low 时钟域的 CPU_CMD_Loded 信号清除 -------
//     所以必须将 CPU 时钟域的 WR_CS0 和 CPU_CMD_Loded 都变换到 clk_8x 时钟域的 REG_Wr
```

```verilog
//--------- 变换 CPU_CMD_Loded 信号 ----
wire        CPU_CMD_Loded_1;                      // CX_low_1 模块在加载 CPU 命令后树起的标志
wire        CPU_CMD_Loded_2;                      // Cx_Low_2 模块在加载 CPU 命令后树起的标志


reg         [2:0]Loded_DLY1;
reg         [2:0]Loded_DLY2;
wire        h5555_CLR1;
wire        h5555_CLR2;

always @( posedge clk_8x )
begin
    Loded_DLY1 <= {Loded_DLY1[1:0],CPU_CMD_Loded_1};
    Loded_DLY2 <= {Loded_DLY2[1:0],CPU_CMD_Loded_2};
end

assign   h5555_CLR1 = (Loded_DLY1[2:1] = = 2'b01)? 1'b1:1'b0;
assign   h5555_CLR2 = (Loded_DLY2[2:1] = = 2'b01)? 1'b1:1'b0;


//--------- 变换 CPU 写双向口信号 ------

assign   WR_CS0 = CPU_WE|CPU_CS;   // CPU 的 WE 和 CS 同时为低电平时,WR_CS0 = 0
reg      [3:0]REG_WR_D;
wire     REG_Wr;                                  // REG_Wr 是转换后的双向口写脉冲


always @( posedge clk_8x )
begin
    REG_WR_D <= {REG_WR_D[3:0],WR_CS0};
end

assignREG_Wr = (REG_WR_D[3:2] = = 2'b10)? 1'b1:1'b0;
                                        // REG_Wr 的宽度为 1 个 8x 时钟周期高电平

//--------- CPU 从(0xfa000010)开始给 FPGA 的 LAU_Cmd_Out_1 模块写 8 个命令字 ---------

always @( posedge clk_8x )
begin
    if(Reset)
        begin
            CPU_CMD_5 <= 16'h0001;      // bit[0] = Set_DYZ,初始化 = 1 设置成电源站
```

```
                CPU_CMD_27 <= 16'h0000;      // bit[0] = FO,发送起爆命令,
                PWR_CTRL   <= 16'h0000;      // 48 V 电源全关闭
            end
        else if (REG_Wr = = 1'b1)
            begin
                case ( LA )
                0: CPU_CMD_0 <= Y;
                            // 地址 = 0xfa000000, bit[0]Reset In_FIFO,bit[1]Reset Out_FIFO
                5: CPU_CMD_5 <= Y;        // 地址 = 0xfa00000a, bit[0] = Set_DYZ

                8: CPU_CMD_8 <= Y;        // 地址 = 0xfa000010, 写 Cmd_Data[1]
                9: CPU_CMD_9 <= Y;        // 地址 = 0xfa000012, 写 Cmd_Data[2]
                10: CPU_CMD_10 <= Y;      // 地址 = 0xfa000014, 写 Cmd_Data[3]
                11: CPU_CMD_11 <= Y;      // 地址 = 0xfa000016, 写 Cmd_Data[4]
                12: CPU_CMD_12 <= Y;      // 地址 = 0xfa000018, 写 Cmd_Data[5]
                13: CPU_CMD_13 <= Y;      // 地址 = 0xfa00001a, 写 Cmd_Data[6]
                14: CPU_CMD_14 <= Y;      // 地址 = 0xfa00001c, 写 Cmd_Data[7]
                15: CPU_CMD_15 <= Y;

                            // 地址 = 0xfa00001e, 写 Cmd_Data[8] = 0x5555 或 0x6666
                27: CPU_CMD_27 <= Y;      // 地址 = 0xfa000036, 发送起爆命令,bit[0] = FO

                28: PWR_CTRL <= Y;        // 地址 = 0xfa000038,发送 48 V 电源控制命令
                endcase
            end
        else if ( h5555_CLR1 ) CPU_CMD_15  <= 16'h0000;
                            // 接收到 CPU_CMD_Loded_1 后将 0x5555 清零
end

// ---------- CPU 从(0xfa000020)开始给 FPGA 的 LAU_Cmd_Out_2 模块写 8 个命令字 ----------
always @( posedge clk_8x )
begin
    if (REG_Wr = = 1'b1)
        begin
            case ( LA )
            16: CPU_CMD_16 <= Y;      // 地址 = 0xfa000020,写 Cmd_Data[1]
            17: CPU_CMD_17 <= Y;      // 地址 = 0xfa000022,写 Cmd_Data[2]
            18: CPU_CMD_18 <= Y;      // 地址 = 0xfa000024,写 Cmd_Data[3]
            19: CPU_CMD_19 <= Y;      // 地址 = 0xfa000026,写 Cmd_Data[4]
            20: CPU_CMD_20 <= Y;      // 地址 = 0xfa000028,写 Cmd_Data[5]
            21: CPU_CMD_21 <= Y;      // 地址 = 0xfa00002a,写 Cmd_Data[6]
            22: CPU_CMD_22 <= Y;      // 地址 = 0xfa00002c,写 Cmd_Data[7]
```

```
       23: CPU_CMD_23 <= Y;   // 地址 = 0xfa00002e,写 Cmd_Data[8] = 0x5555 或 0x6666
          endcase
      end
   else  if ( h5555_CLR2 ) CPU_CMD_23  <= 16'h0000;
                                   // 接收到 CPU_CMD_Loded_2 后将 0x5555 清零
end


// ******************** 定义 CPU 双向口读到的信号 ********************
********

//--------- 选择主动模块接收到的 ha0 命令和 Glob_No ----------

wire      Active_o_1;
wire      Active_o_2;

wire      [15:0]Glob_No;
wire      [15:0]Glob_No_1;
wire      [15:0]Glob_No_2;

wire      [15:0]CMD_word1_o;      // FFPGA 传递 ha0 命令
wire      [15:0]CMD_word2_o;
wire      [15:0]CMD_word3_o;
wire      [15:0]CMD_word4_o;
wire      [15:0]CMD_word5_o;
wire      [15:0]CMD_word6_o;
wire      [15:0]CMD_word7_o;

wire      [15:0]CMD_word1_o1;     // LAU_Data_In_1 接收到的 ha0 命令
wire      [15:0]CMD_word2_o1;
wire      [15:0]CMD_word3_o1;
wire      [15:0]CMD_word4_o1;
wire      [15:0]CMD_word5_o1;
wire      [15:0]CMD_word6_o1;
wire      [15:0]CMD_word7_o1;

wire      [15:0]CMD_word1_o2;     // LAU_Data_In_2 接收到的 ha0 命令
wire      [15:0]CMD_word2_o2;
wire      [15:0]CMD_word3_o2;
wire      [15:0]CMD_word4_o2;
wire      [15:0]CMD_word5_o2;
wire      [15:0]CMD_word6_o2;
```

```verilog
wire        [15:0]CMD_word7_o2;

assign      CMD_word1_o = (Active_o_1 = = 1'b1)? CMD_word1_o1 : CMD_word1_o2;
assign      CMD_word2_o = (Active_o_1 = = 1'b1)? CMD_word2_o1 : CMD_word2_o2;
assign      CMD_word3_o = (Active_o_1 = = 1'b1)? CMD_word3_o1 : CMD_word3_o2;
assign      CMD_word4_o = (Active_o_1 = = 1'b1)? CMD_word4_o1 : CMD_word4_o2;
assign      CMD_word5_o = (Active_o_1 = = 1'b1)? CMD_word5_o1 : CMD_word5_o2;
assign      CMD_word6_o = (Active_o_1 = = 1'b1)? CMD_word6_o1 : CMD_word6_o2;
assign      CMD_word7_o = (Active_o_1 = = 1'b1)? CMD_word7_o1 : CMD_word7_o2;
assign      Glob_No = (Active_o_1 = = 1'b1)? Glob_No_1 : Glob_No_2;


//---------- 选择被动模块的 Out_FIFO_FULL -----------


wire        Out_FIFO_FULL;
wire        Out_FIFO_FULL_1;
wire        Out_FIFO_FULL_2;
assign      Out_FIFO_FULL = (Active_o_1 = = 1'b1)? Out_FIFO_FULL_2 : Out_FIFO_FULL_1;


//----------- 定义 In_FIFO 的状态寄存器 -----------


wire        In_FIFO_AFULL_1;
wire        In_FIFO_AEMPTY_1;
wire        In_FIFO_FULL_1;
wire        In_FIFO_EMPTY_1;
wire        In_FIFO_AFULL_2;
wire        In_FIFO_AEMPTY_2;
wire        In_FIFO_FULL_2;
wire        In_FIFO_EMPTY_2;


wire        [15:0]In_FIFO_STAT;
assign      In_FIFO_STAT = { 8'h00, In_FIFO_FULL_1, In_FIFO_EMPTY_1, In_FIFO_AFULL_1, In_FIFO
_AEMPTY_1,

                  In_FIFO_FULL_2, In_FIFO_EMPTY_2, In_FIFO_AFULL_2, In_FIFO_AEMPTY_
2 };

//---------- 定义 In_FIFO 的写计数寄存器 --------------


wire        [7:0]In_FIFO_WCNT_1;
wire        [7:0]In_FIFO_WCNT_2;


//---------- 定义 In_FIFO 的读出数据 ---------------------
```

```verilog
wire       [15:0]In_FIFO_RData_1;    // In_FIFO_1 读出数据
wire       [15:0]In_FIFO_RData_2;    // In_FIFO_2 读出数据


//----------- 定义采集站命令寄存器 -----------------------


wire       [7:0]CJZ_Cmd_1;
wire       [7:0]CJZ_Cmd_2;

//----------- 定义测线 48 V 极性状态寄存器 -------------


wire       [15:0]PWR_STAT;
assign     PWR_STAT = {12'h000,LINEA_S1,LINEA_S2,LINEB_S1,LINEB_S2};


//----------- 读双向口 --------------------------------------

always @ ( LA or CPU_CS or CPU_OE
             or In_FIFO_STAT
             or In_FIFO_RData_1 or In_FIFO_RData_2
             or In_FIFO_WCNT_1 or In_FIFO_WCNT_2
             or CPU_CMD_5
             or Out_FIFO_FULL
             or CJZ_Cmd_1 or CJZ_Cmd_2
             or CMD_word1_o or CMD_word2_o
             or CMD_word3_o or CMD_word4_o
             or CMD_word5_o or CMD_word6_o
             or CMD_word7_o or CPU_CMD_15
             or CPU_CMD_23
             or ERRCNT_1 or ERRCNT_2
             or Active_o_1 or Active_o_2
             or Glob_No
             or TB or EXT_GO
             or PWR_CTRL or PWR_STAT
             )

begin
    if ( CPU_CS = = 0 && CPU_OE = = 0 )
        begin
            case ( LA )
            0 : Read_Data = In_FIFO_STAT;         // 地址 = 0xfa000000,读 2 个 In_FIFO 的状态
            1 : Read_Data = In_FIFO_RData_1;      // 地址 = 0xfa000002,读 In_FIFO - 1 数据
```

```verilog
2:Read_Data = In_FIFO_RData_2;            // 地址 = 0xfa000004,读 In_FIFO-2 数据
3:Read_Data = { 8'b0,In_FIFO_WCNT_1 };
                                           // 地址 = 0xfa000006,读 In_FIFO_WCNT_1 写计数
4:Read_Data = { 8'b0,In_FIFO_WCNT_2 };
                                           // 地址 = 0xfa000008,读 In_FIFO_WCNT_2 写计数
5:Read_Data = CPU_CMD_5;                   // 地址 = 0xfa00000a, 读 Set_DYZ 状态
6:Read_Data = { 15'b0, Out_FIFO_FULL};
                                           // 地址 = 0xfa00000c, 读 Out_FIFO_FLL 的满状态
7:Read_Data = {CJZ_Cmd_1,CJZ_Cmd_2};
                                           // 地址 = 0xfa00000e, 读 CX_LOW 模块输出的当前采集站命令
8:Read_Data = CMD_word1_o;
                                           // 地址 = 0xfa000010,读接收到的 ha0 命令 CMD_word1
9:Read_Data = CMD_word2_o;
                                           // 地址 = 0xfa000012,读接收到的 ha0 命令 CMD_word2
10: Read_Data = CMD_word3_o;
                                           // 地址 = 0xfa000014,读接收到的 ha0 命令 CMD_word3
11: Read_Data = CMD_word4_o;
                                           // 地址 = 0xfa000016,读接收到的 ha0 命令 CMD_word4
12: Read_Data = CMD_word5_o;
                                           // 地址 = 0xfa000018,读接收到的 ha0 命令 CMD_word5
13: Read_Data = CMD_word6_o;
                                           // 地址 = 0xfa00001a,读接收到的 ha0 命令 CMD_word6
14: Read_Data = CMD_word7_o;
                                           // 地址 = 0xfa00001c,读接收到的 ha0 命令 CMD_word7
15: Read_Data = CPU_CMD_15;
                                           // 地址 = 0xfa00001e,读 CPU 写的 CPU_CMD_15 内容
//    16: Read_Data =                      // 地址 = 0xfa000020,
17: Read_Data = ERRCNT_1;
                                           // 地址 = 0xfa000022,读并清除 ERRCNT_1(CRC 错)
18: Read_Data = ERRCNT_2;
                                           // 地址 = 0xfa000024,读并清除 ERRCNT_2(CRC 错)
//    19: Read_Data =                      // 地址 = 0xfa000026,
//    20: Read_Data =                      // 地址 = 0xfa000028,
//    21: Read_Data =                      // 地址 = 0xfa00002a,
//    22: Read_Data =                      // 地址 = 0xfa00002c,
23: Read_Data = CPU_CMD_23;                // 地址 = 0xfa00002e,读 CPU 写的 CPU_CMD_23 内容

//    24: Read_Data =                      // 地址 = 0xfa000030,
25: Read_Data = {14'b0,Active_o_1,Active_o_2};
                                           // 地址 = 0xfa000032, 读 Active_o 信号
26: Read_Data = Glob_No;                   // 地址 = 0xfa000034, 读主动模块的 Glob_No
```

```verilog
            27: Read_Data = {14'b0, TB, EXT_GO };
                                      // 地址 = 0xfa000036,读爆炸机接口输入信号状态
            28: Read_Data = PWR_CTRL;    // 地址 = 0xfa000038, 读 48 V 控制寄存器的状态
            29: Read_Data = PWR_STAT;    // 地址 = 0xfa00003a,读测线供电极性
            default Read_Data = 16'bz;
            endcase

    end
    else   Read_Data = 16'bz;
end

// ------------------------ 译码 In_FIFO 的片选信号 ------------------------

reg     CPU_CS_1;                              // CPU_CS_1 是等于 CPU_CS 的负脉冲
reg     CPU_CS_2;
reg     CPU_CS_17;
reg     CPU_CS_18;
reg     CPU_CS_6;
reg     CPU_CS_7;
wire    Clr_ERRCNT_1;
wire    Clr_ERRCNT_2;
assign  Clr_ERRCNT_1 = CPU_CS_17|CPU_OE;       // 读 ERRCNT_1 后自动将其清零
assign  Clr_ERRCNT_2 = CPU_CS_18|CPU_OE;       // 读 ERRCNT_2 后自动将其清零

always @( LA or CPU_CS )
begin
    if( LA = = 1 ) CPU_CS_1 = CPU_CS;
                              // CPU 读地址 0xfa000002 时,此信号生成 In_FIFO-1 的读使能
    else CPU_CS_1 = 1;
    if( LA = = 2 ) CPU_CS_2 = CPU_CS;
                              // CPU 读地址 0xfa000004 时,此信号生成 In_FIFO-2 的读使能

    else CPU_CS_2 = 1;
    if( LA = = 17 ) CPU_CS_17 = CPU_CS;
                              // CPU 读地址 0xfa000022 时,此信号清除 ERRCNT_1
    else CPU_CS_17 = 1;
    if( LA = = 18 ) CPU_CS_18 = CPU_CS;
                              // CPU 读地址 0xfa000024 时,此信号清除 ERRCNT_2
    else CPU_CS_18 = 1;

    if( LA = = 6 ) CPU_CS_6 = CPU_CS;
```

```
                                // CPU 写地址 0xfa00000c, 此信号生成 Out_FIFO_1 的写使能
      else CPU_CS_6 = 1;
      if( LA = = 7 ) CPU_CS_7 = CPU_CS;
                                // CPU 写地址 0xfa00000e, 此信号生成 Out_FIFO_2 的写使能
      else CPU_CS_7 = 1;
end


//********** 生成 clk_8x 时钟域的 Out_FIFO_1 和 Out_FIFO_2 的写使能信号 *******

wire        Out_FIFO_WE_1;
wire        Write_OutFIFO_1;
assign      Write_OutFIFO_1 = CPU_CS_6 | CPU_WE;      // 是一个负脉冲
reg         [3:0]W_OutFIFO_DLY1;

always @( posedge clk_8x )
begin
      W_OutFIFO_DLY1 < = { W_OutFIFO_DLY1[3:0],Write_OutFIFO_1};
end
assign      Out_FIFO_WE_1 = ( W_OutFIFO_DLY1[3:2] = = 2'b10)? 1'b1:1'b0;  // 检测到下降沿
置 1


//--------- Out_FIFO_WE_2 --------------------

wire        Out_FIFO_WE_2;
wire        Write_OutFIFO_2;
assign      Write_OutFIFO_2 = CPU_CS_7 | CPU_WE;          // 是一个负脉冲
reg         [3:0]W_OutFIFO_DLY2;

always @( posedge clk_8x )
begin
      W_OutFIFO_DLY2 < = { W_OutFIFO_DLY2[3:0],Write_OutFIFO_2};
end
assign      Out_FIFO_WE_2 = ( W_OutFIFO_DLY2[3:2] = = 2'b10)? 1'b1:1'b0; // 检测到下降沿置 1

//********** 生成 clk_8x 时钟域的 In_FIFO_1 和 In_FIFO_2 的读使能信号 ********

wire        In_FIFO_RE_1;
wire        Read_InFIFO_1;
assign      Read_InFIFO_1 = CPU_CS_1|CPU_OE ;
reg         [2:0]R_InFIFO_DLY1;
```

```verilog
always @( posedge clk_8x )
begin
    R_InFIFO_DLY1 <= {R_InFIFO_DLY1[1:0],Read_InFIFO_1};        // 转到 clk_8x 域
end

assign    In_FIFO_RE_1 = (R_InFIFO_DLY1[2:1] = = 2'b10)? 1'b1:1'b0;
                                                       // 生成 In_FIFO_RE 正脉冲


//------------------------------------------------------------------------
wire      In_FIFO_RE_2;
wire      Read_InFIFO_2;
assign    Read_InFIFO_2 = CPU_CS_2|CPU_OE ;
reg       [2:0]R_InFIFO_DLY2;

always @( posedge clk_8x )
begin
    R_InFIFO_DLY2 <= {R_InFIFO_DLY2[1:0],Read_InFIFO_2};   // 转到 clk_8x 域
end

assign    In_FIFO_RE_2 = (R_InFIFO_DLY2[2:1] = = 2'b10)? 1'b1:1'b0;
                                                        // 生成 In_FIFO_RE 正脉冲


// ------------------------------ 例化 2 个 CX_LOW 模块 ------------------------
CX_LOW CX_LOW_1(
        .Reset( Reset ),
        .Set_DYZ( Set_DYZ ),
        .Rx_Clk( Rx_Clk1 ),
        .Tx_ClkG(   Tx_ClkG ),
        .clk_8x( clk_8x),
        .Reset_In_FIFO( Reset_In_FIFO ),
        .Reset_Out_FIFO( Reset_Out_FIFO ),
        .Data_i( Data_i_1 ),
        .UP( UP_1 ),
        .DOWN( DOWN_1 ),
        .Frame_o( Frame_o1 ),
        .Active_o( Active_o_1 ),
        .Force_Passive( Active_o_2 ),
        .Glob_No( Glob_No_1 ),
        .CPU_int( CPU_int_1 ),
        .Sync( Sync_1 ),
```

```
        .CJZ_Cmd( CJZ_Cmd_1 ),

        .CPU_CMD_1( CPU_CMD_8 ),              // CPU 发送给 FPGA 的命令
        .CPU_CMD_2( CPU_CMD_9 ),
        .CPU_CMD_3( CPU_CMD_10 ),
        .CPU_CMD_4( CPU_CMD_11 ),
        .CPU_CMD_5( CPU_CMD_12 ),
        .CPU_CMD_6( CPU_CMD_13 ),
        .CPU_CMD_7( CPU_CMD_14 ),
        .CPU_CMD_8( CPU_CMD_15 ),            // 0x55550 或 x6666
        .CPU_CMD_Loded( CPU_CMD_Loded_1 ),   // CPU 命令加载后的握手信号

        .CMD_word1_o( CMD_word1_o1 ),         // FPGA 传递给 CPU 的 ha0 命令参数
        .CMD_word2_o( CMD_word2_o1 ),
        .CMD_word3_o( CMD_word3_o1 ),
        .CMD_word4_o( CMD_word4_o1 ),
        .CMD_word5_o( CMD_word5_o1 ),
        .CMD_word6_o( CMD_word6_o1 ),
        .CMD_word7_o( CMD_word7_o1 ),

        .In_FIFO_RE( In_FIFO_RE_1 ),          // LA = 1,In_FIFO_1 读使能
        .In_FIFO_RData( In_FIFO_RData_1 ),    // In_FIFO_1 读出数据
        .In_FIFO_WCNT( In_FIFO_WCNT_1 ),
        .In_FIFO_FULL( In_FIFO_FULL_1 ),
        .In_FIFO_EMPTY( In_FIFO_EMPTY_1 ),
        .In_FIFO_AFULL( In_FIFO_AFULL_1 ),
        .In_FIFO_AEMPTY( In_FIFO_AEMPTY_1 ),

        .Out_FIFO_WE( Out_FIFO_WE_1 ),        // LA = 6,Out_FIFO_1 写使能
        .Y( Y ),                              // 写 Out_FIFO 数据
        .Out_FIFO_FULL( Out_FIFO_FULL_1 ),

        .CRC_ERR_cunt( ERRCNT_1 ),
        .Clr_ERR_CS_OE( Clr_ERRCNT_1 )
        );

CX_LOW CX_LOW_2(
        .Reset( Reset ),
        .Set_DYZ( Set_DYZ ),
        .Rx_Clk( Rx_Clk2 ),
        .Tx_ClkG( Tx_ClkG ),
```

```verilog
    .clk_8x( clk_8x ),
    .Reset_In_FIFO( Reset_In_FIFO ),
    .Reset_Out_FIFO( Reset_Out_FIFO ),
    .Force_Passive( Active_o_1 ),
    .Data_i( Data_i_2 ),
    .UP( UP_2 ),
    .DOWN( DOWN_2 ),
    .Frame_o( Frame_o2 ),
    .Active_o( Active_o_2 ),
    .Glob_No( Glob_No_2 ),
    .CPU_int( CPU_int_2 ),
    .Sync( Sync_2 ),
    .CJZ_Cmd( CJZ_Cmd_2 ),

    .CPU_CMD_1( CPU_CMD_16 ),            // CPU 发送给 FPGA 的命令
    .CPU_CMD_2( CPU_CMD_17 ),
    .CPU_CMD_3( CPU_CMD_18 ),
    .CPU_CMD_4( CPU_CMD_19 ),
    .CPU_CMD_5( CPU_CMD_20 ),
    .CPU_CMD_6( CPU_CMD_21 ),
    .CPU_CMD_7( CPU_CMD_22 ),
    .CPU_CMD_8( CPU_CMD_23 ),            // 握手字 = 0x55550 或 x6666
    .CPU_CMD_Loded( CPU_CMD_Loded_2 ),   // CPU 命令加载命令后的握手信号

    .CMD_word1_o( CMD_word1_o2 ),        // FPGA 传递给 CPU 的 ha0 命令参数
    .CMD_word2_o( CMD_word2_o2 ),
    .CMD_word3_o( CMD_word3_o2 ),
    .CMD_word4_o( CMD_word4_o2 ),
    .CMD_word5_o( CMD_word5_o2 ),
    .CMD_word6_o( CMD_word6_o2 ),
    .CMD_word7_o( CMD_word7_o2 ),

    .In_FIFO_RE( In_FIFO_RE_2 ),         // LA = 2, In_FIFO_2 读使能
    .In_FIFO_RData( In_FIFO_RData_2 ),   // In_FIFO - 2 读出数据
    .In_FIFO_WCNT( In_FIFO_WCNT_2 ),
    .In_FIFO_FULL( In_FIFO_FULL_2 ),
    .In_FIFO_EMPTY( In_FIFO_EMPTY_2 ),
    .In_FIFO_AFULL( In_FIFO_AFULL_2 ),
    .In_FIFO_AEMPTY( In_FIFO_AEMPTY_2 ),
```

```
                 .Out_FIFO_WE( Out_FIFO_WE_2 ),        //LA = 7,Out_FIFO_2 写使能
                 .Y( Y ),                               //写 Out_FIFO 数据
                 .Out_FIFO_FULL( Out_FIFO_FULL_2 ),     //Out_FIFO_FULL

                 .CRC_ERR_cunt( ERRCNT_2 ),
                 .Clr_ERR_CS_OE( Clr_ERRCNT_2 )
                 );

endmodule
```

2. 底层模块 CX_Low

```
`timescale 1ns /1ps
  /****************************************************************
*****************************
    本模块可执行交叉站或电源站功能
  一、如设置成交叉站
    1. 发送 CPU 的命令(14 个 word),第 8 个 word 是 0x55550 或 x6666,发送 Tx_Buf 加载命令后清
除 0x5555。
    2. 接收测线上(hc 打头)的异步数据同步数据,写入 In_FIFO,由 CPU 读走。
    3. 检查(hc 打头)的数据帧的 CRC 错并计数。
  二、如设置成电源站
    1. 转发所有 ha 开始的电源站命令(包括 ha0 和 ha1)。
    2. 将 ha0 开始的电源站命令转发给 CPU,并给 CPU 发送中断。
    3. 发送 CPU 的命令(14 个 word),第 8 个 word 是 0x55550 或 x6666,发送 Tx_Buf 加载命令后清
除 0x5555。
    4. 被动模块把异步数据写进 out_FIFO,发送给交叉站。
    5. 主动模块接收测线上(hc 打头)的异步数据同步数据,写入 In_FIFO,由 CPU 读走。
    6. 执行定向命令,置起 Active_o,存储和传递 Glob_No。
    7. 检查(hc 打头)的数据帧的 CRC 错并计数。


 ****************************************************************
*************************** /
module CX_LOW(
input      Reset,
input      Set_DYZ,
input      Rx_Clk,
input      Tx_ClkG,
input      clk_8x,
```

```verilog
input      Reset_In_FIFO,
input      Reset_Out_FIFO,
input      Force_Passive,                    // 对方模块来的 Active_o 信号
input      Data_i,                           // LVDS 输入信号
output     UP,
output     DOWN,
output     Frame_o,
output     reg Active_o,
output     reg [15:0]Glob_No,
output     reg CPU_int,
output     Sync,
output     [7:0]CJZ_Cmd,


input      [15:0]CPU_CMD_1,                  // CPU 发送给 FPGA 的命令
input      [15:0]CPU_CMD_2,
input      [15:0]CPU_CMD_3,
input      [15:0]CPU_CMD_4,
input      [15:0]CPU_CMD_5,
input      [15:0]CPU_CMD_6,
input      [15:0]CPU_CMD_7,
input      [15:0]CPU_CMD_8,
output     reg CPU_CMD_Loded,                // CPU 命令握手信号

outputreg[15:0]CMD_word1_o,                  // FPGA 给 CPU 传递 ha0 命令参数
outputreg[15:0]CMD_word2_o,
outputreg[15:0]CMD_word3_o,
outputreg[15:0]CMD_word4_o,
outputreg[15:0]CMD_word5_o,
outputreg[15:0]CMD_word6_o,
outputreg[15:0]CMD_word7_o,

input      In_FIFO_RE                        // In_FIFO 的读读使能
output     [15:0]In_FIFO_RData,              // In_FIFO 的读数据口
output     [7:0] In_FIFO_WCNT,               // In_FIFO 的写计数,深度 256
output     In_FIFO_FULL,
output     In_FIFO_EMPTY,
output     In_FIFO_AFULL,
output     In_FIFO_AEMPTY,


input      Out_FIFO_WE,                      // 写 ut_FIFO 的写使能
```

Chapter 10

```verilog
    input      [15:0]Y,                        // Out_FIFO 写入数据
    output     Out_FIFO_FULL,                  // Out_FIFO_FULL

    output     reg [15:0]CRC_ERR_cunt,         // 错误帧计数器
    input      Clr_ERR_CS_OE                   // 清除错误帧计数器
    );


    wire       VCC;
    wire       GND;
    assign     VCC = 1'b1;
    assign     GND = 1'b0;


// * * * * * * * * * * * * * * * * * * * *恢复时钟和数据 * * * * * * * * * * * * * * * * * * * *

BUFG      CLK_BUFG_1 (.O ( Rx_ClkG ),.I ( Rx_Clk ));
wire      PLL_Data_o;


BB_PLL BB_PLL_0(
          .reset( Reset ),
          .clk( Rx_ClkG ),
          .data_i( Data_i ),
          .data_o( PLL_Data_o ),
          .mkclkfaster( mkclkfaster ),
          .mkclkslower( mkclkslower )
          );

assign    UP = ( mkclkfaster )? VCC : 1'bz;    // UP 使电流泵充电
assign    DOWN = ( mkclkslower )? GND : 1'bz;  // DOWN 使电流泵放电

//---------- 检测同步头 --------------------

reg        [7:0]Shift_Buf;
reg        SyncHead;
parameter  SyncPattern_1 = 8'b0011_1010;
parameter  SyncPattern_2 = 8'b1100_0101;

always @( posedge Rx_ClkG or posedge Reset )
begin
    if ( Reset )Shift_Buf <= 8'h00 ;
    else Shift_Buf <= { Shift_Buf[6:0], PLL_Data_o } ;
end
```

```verilog
always @ ( posedge Rx_ClkG or posedge Reset )
begin
    if ( Reset ) SyncHead <= 1'b0 ;
    else SyncHead <= ((Shift_Buf[7:0] = =
                        SyncPattern_1)||(Shift_Buf[7:0] = = SyncPattern_2))? 1: 0;
end
```

//----------- Rx_Cunt 计数 ----------------

```verilog
reg    [7:0]Rx_Cunt;

always @ ( posedge Rx_ClkG or posedge Reset )
begin
    if ( Reset )Rx_Cunt <= 8'h00 ;
    else if ( SyncHead = = 1 )Rx_Cunt <= 8'b0;
    else Rx_Cunt <= Rx_Cunt + 1'b1 ;
end
```

//----------- 设置数据有效标志 ------------

```verilog
reg    Frame_Sync;

always @ ( posedge Rx_ClkG or posedge Reset )
begin
    if ( Reset )   Frame_Sync <= 1'b0;
    else if ( SyncHead ) Frame_Sync <= 1'b1;
    else if ( Rx_Cunt = = 242 ) Frame_Sync <= 1'b0;
                            // 在第 15 个字节结束时清 Frame_Sync
end
```

//---------- 检测移位寄存器 Shift_Buf [2:0],解编成串行 NRZ 码 --------------

```verilog
reg    CmdBit_out;

always @ ( posedge Rx_ClkG or posedge Reset)
begin
    if ( Reset )CmdBit_out <= 0;
    else
        case ( Shift_Buf [2:0])
        3'b100 : CmdBit_out <= 1;
        3'b001 : CmdBit_out <= 1;
```

```verilog
        3'b011 : CmdBit_out < = 1;
        3'b110 : CmdBit_out < = 1;

        3'b101 : CmdBit_out < = 0;
        3'b010 : CmdBit out < = 0;
      endcase
  end
```

//-------- 将 NRZ 码输入 16 位移位寄存器 ------------

```verilog
reg       [15:0]Cmd_Buf;


always @ ( posedge Rx_ClkG or posedge Reset)
begin
    if ( Reset ) Cmd_Buf < = 16'h0;
    else if( Frame_Sync = = 1 && Rx_Cunt[0] = = 1 )Cmd_Buf < = { Cmd_Buf[14:0], CmdBit_out };
end
```

// - *************** 校验数据帧的 CRC 码 *************************

```verilog
reg       [7:0]CRC_rx;
wire      CRC_FB = CRC_rx[7] ^ CmdBit_out;


always @( posedge Rx_ClkG or posedge Reset )
begin
    if ( Reset ) CRC_rx < = 8'hFF;
    else if( Rx_Cunt = = 0 ) CRC_rx < = 8'hFF;
    else if( Rx_Cunt[0] = = 1 )
      begin
          CRC_rx[0] < = CRC_FB;
          CRC_rx[1] < = CRC_rx[0];
          CRC_rx[2] < = CRC_rx[1];
          CRC_rx[3] < = CRC_rx[2];
          CRC_rx[4] < = CRC_rx[3] ^ CRC_FB;
          CRC_rx[5] < = CRC_rx[4] ^ CRC_FB;
          CRC_rx[6] < = CRC_rx[5];
          CRC_rx[7] < = CRC_rx[6];
      end
end
```

//---------- 临时保存每个数据帧的 14 个字节 --------------

```verilog
reg      [15:0]CMD_word1;
reg      [15:0]CMD_word2;
reg      [15:0]CMD_word3;
reg      [15:0]CMD_word4;
reg      [15:0]CMD_word5;
reg      [15:0]CMD_word6;
reg      [15:0]CMD_word7;

always @ ( posedge Rx_ClkG or posedge Reset )
begin
    if ( Reset )
        begin
            CMD_word1  <= 0;
            CMD_word2  <= 0;
            CMD_word3  <= 0;
            CMD_word4  <= 0;
            CMD_word5  <= 0;
            CMD_word6  <= 0;
            CMD_word7  <= 0;
        end
    else
        case ( Rx_Cunt )
        32:   CMD_word1 <= Cmd_Buf;
        64:   CMD_word2 <= Cmd_Buf;
        96:   CMD_word3 <= Cmd_Buf;
        128:  CMD_word4 <= Cmd_Buf;
        160:  CMD_word5 <= Cmd_Buf;
        192:  CMD_word6 <= Cmd_Buf;
        224:  CMD_word7 <= Cmd_Buf;
        endcase
end

//****************** 给 CPU 发中断和保存全部参数 ******************
***********

wire     [7:0]Data_Type;
assign   Data_Type = CMD_word1[15:8];

always @ ( posedge Rx_ClkG or posedge Reset )
begin
    if ( Reset )
```

```verilog
        begin
            CMD_word1_o <= 16'b0;
            CMD_word2_o <= 16'b0;
            CMD_word3_o <= 16'b0;
            CMD_word4_o <= 16'b0;
            CMD_word5_o <= 16'b0;
            CMD_word6_o <= 16'b0;
            CMD_word7_o <= 16'b0;
            CPU_int <= 1'b0;
            Active_o <= 1'b0;                            // 初始值 Active_o = 0
            Glob_No <= 16'b0;
        end
    else if( Rx_Cunt = = 10) CPU_int <= 0;              // 产生一个 0.6 μs 的正脉冲。
    else if(Set_DYZ = = 1 && Force_Passive = = 0 && Frame_Sync = = 1 &&
            Rx_Cunt = = 240 && CRC_rx = = 8'h00)
        begin
            if (Data_Type = = 8'ha0 )
                begin
                    CPU_int <= 1;                        // 如果是 ha0 命令给 CPU 发中断
                    CMD_word1_o <= CMD_word1;
                                        // 保存所有 CMD_word,直到下次 ha0 命令才刷新
                    CMD_word2_o <= CMD_word2;
                    CMD_word3_o <= CMD_word3;
                    CMD_word4_o <= CMD_word4;
CMD_word5_o <= CMD_word5;
                    CMD_word6_o <= CMD_word6;
                    CMD_word7_o <= CMD_word7;
                end
            else if ({CMD_word1,CMD_word2,CMD_word3} = = 48'ha00a_aa55_aa55 )
                begin
                    Active_o <= 1;                       // 置起主动标志
                    Glob_No <= CMD_word4 + 1;  // 保存 Glob_No
                end
            else if(Data_Type = = 8'ha1 && CMD_word7 = = Glob_No)CPU_int <= 1;
                                        //如果全局地址符合也给 CPU 发中断
        end
end


// ***************** 转发所有 ha 命令,置位和清除 ha_CMD_flag ***********
*******
reg     [111:0]ha_DYZ_CMD;
```

```
reg        ha_CMD_flag;              // ha 命令有效标志


always @ ( posedge Rx_ClkG or posedge Reset )
begin
    if ( Reset )ha_DYZ_CMD < = 112'b0;
    else if ( Data_Type[7:4] = = 4'ha && Rx_Cunt = = 240 && CRC_rx = = 0 )
        begin
            if ({CMD_word1,CMD_word2,CMD_word3} = = 48'ha00a_aa55_aa55)
                                            // 定向命令需要修改和传递 Glob_No
                begin
                    ha_DYZ_CMD < = {CMD_word1,CMD_word2,CMD_word3,CMD_word4 + 1,CMD_word5,
                        CMD_word6,CMD_word7};
                    ha_CMD_flag < = 1'b1;        // 设置 ha 命令有效标志
                end
            else
                begin                            // 除定向命令外,其他所有 ha 命令直接转发
                    ha_DYZ_CMD < = {CMD_word1,CMD_word2,CMD_word3,CMD_word4,CMD_word5,
                        CMD_word6,CMD_word7};
                    ha_CMD_flag < = 1'b1;        // 设置 ha 命令有效标志
                end
        end
    else if(Rx_Cunt = = 20)ha_CMD_flag < = 1'b0;     // Tx_Buf 在 Tx_Cunt = 6 加载 ha_DYZ_CMD,
                                                     // ha_CMD_flag 标志在 Tx_Coun > 6 后清 0
end


//＊＊＊＊＊＊＊＊＊＊＊＊＊＊＊＊＊＊＊＊ 把 hc 数据写进 In_FIFO ＊＊＊＊＊＊＊＊＊＊＊＊＊＊＊＊＊＊＊＊
＊＊


//-------- Rx_Cunt = = 240 生成 FPGA 写使能 In_FIFO_WE -----------
reg        In_FIFO_WE;


always @ ( posedge Rx_ClkG or posedge Reset )
begin
    if ( Reset ) In_FIFO_WE < = 1'b0;
    else if( Frame_Sync = = 1 && Rx_Cunt = = 240 && CRC_rx = = 8'h00 && Data_Type[7:4] = = 4'hc)
                                                    In_FIFO_WE < = 1'b1;
    else In_FIFO_WE < = 1'b0;
end


//-------- 将 hc 打头的有效数据写进 In_FIFO -------------------------
```

```verilog
wire        [127:0]hc_Data_128;
assign      hc_Data_128 = {CMD_word1,CMD_word2,CMD_word3,CMD_word4,CMD_word5,CMD_word6,
                           CMD_word7,16'h5555};
In_FIFO In_FIFO_0(
        .rst(Reset_In_FIFO),
        .wr_clk(Rx_ClkG),              // 写FIFO的始终是Rx_ClkG
        .wr_en(In_FIFO_WE),            // In_FIFO写使能(Rx_Cunt = = 241时写入)
        .din({hc_Data_128}),           // In_FIFO数据写入口
        .wr_data_count(In_FIFO_WCNT),  // In_FIFO写计数
        .almost_full(In_FIFO_AFULL),
        .full(In_FIFO_FULL),

        .rd_en(In_FIFO_RE),            // In_FIFO读使能
        .rd_clk(clk_8x),               // In_FIFO读时钟
        .dout(In_FIFO_RData),          // In_FIFO数据读出口

        .almost_empty(In_FIFO_AEMPTY),
        .empty(In_FIFO_EMPTY)
        );

//******************** 计数数据帧的CRC错误,在clk_8x时钟域处理 *******
*********
reg      ERR_Flag;
always @ ( posedge Rx_ClkG or posedge Reset )// 在Rx_ClkG时钟域设置Err_Cunt_Flag
begin
    if ( Reset ) ERR_Flag <= 0;
    else if( Rx_Cunt = = (240) && CRC_rx! = 0 && ( Data_Type[7:4] = = 4'hC )) ERR_Flag <= 1;
    else  ERR_Flag <= 0;
end

//---------- 把ERR_Flag转换到clk_8x时钟域的Set_ERR_cunt----------
reg      [3:0]ERR_Flag_DLY;
wire     Set_ERR_cunt;

always @ ( posedge clk_8x or posedge Reset )
begin
    if ( Reset ) ERR_Flag_DLY <= 3'b0;
    else  ERR_Flag_DLY <= {ERR_Flag_DLY[2:0],ERR_Flag};
end

assignSet_ERR_cunt = (ERR_Flag_DLY[3:2] = = 2'b01)? 1'b1:1'b0;
```

```verilog
                                          // 取上升沿生成 1 个有错误信号

//------------ 计数和清除 Set_ERR_unnt ------------------------------

wire      Clr_ERR_cunt;

always @ ( posedge clk_8x or posedge Reset )
begin
    if ( Reset ) CRC_ERR_cunt <= 16'h00;
    else if( Set_ERR_cunt = = 1) CRC_ERR_cunt <= CRC_ERR_cunt + 1;
    else if( Clr_ERR_cunt = = 1 ) CRC_ERR_cunt <= 16'h00;
    else CRC_ERR_cunt <= CRC_ERR_cunt;
end

//--------- Clr_ERR_CS_OE = CPU_CS_17|CPU_OE 或 CPU_CS_18|CPU_OE -------------------
//        Clr_ERR_CS_OE = 1 指示 CPU 已经读走 CRC_ERR_Cunt
//    将 CPU 时钟域的 Clr_ERR_CS_OE 转换到 clk_8x 时钟域的 Clr_ERR_cunt

reg      [3:0]Clr_ERR_Cunt_DLY;

always @ ( posedge clk_8x or posedge Reset )
begin
    if ( Reset ) Clr_ERR_Cunt_DLY <= 0;
    else   Clr_ERR_Cunt_DLY <= {Clr_ERR_Cunt_DLY[2:0],Clr_ERR_CS_OE};
end

assign  Clr_ERR_cunt = (Clr_ERR_Cunt_DLY[3:2] = = 2'b01)? 1'b1:1'b0;
                                          // 生成清 CRC_ERR_cunt 信号


//= = = = = = = = = = = = = = = = =发送部分= = = = = = = = = = = = = = = = = =
= = = = = = = = = = = = = = = = = = = = = = = = =

parameter    Dumy_CRC = 8'h55;          // 随便定义的 CRC 哑变量
reg      [7:0]Tx_Cunt;
reg      Data_o;
reg      [119:0]Tx_Buf;                 // 待发送的 120 位命令 NRZ 数据
assign   Tx_Buf_MSB = Tx_Buf[119];

reg      Tx_Head;                       // 头段发送窗口
reg      [7:0]Head_Buf;
wire     Head_o;
```

```verilog
assign    Head_o = Head_Buf[7];


// ----------- 发送计数器计数和接收同步 -------------
reg       Rx_End;
wire      Data_RDY;
reg       [2:0]Rx_End_DLY;

always @( posedge Rx_ClkG or posedge Reset )
begin
    if( Reset ) Rx_End <= 1'b0;
    else if( Rx_Cunt == 242 ) Rx_End <= 1; // 数据接收结束后,给出 3 个周期宽度的脉冲
    else if( Rx_Cunt == 245 ) Rx_End <= 0;
end
always @( posedge Tx_ClkG or posedge Reset )
begin
    if( Reset ) Rx_End_DLY <= 3'b0;
    else Rx_End_DLY <= { Rx_End_DLY[1], Rx_End_DLY[0], Rx_End };
end


assign   Data_RDY = ({ Rx_End_DLY[2],Rx_End_DLY[1]} == 2'b01 )? 1:0;


always @( posedge Tx_ClkG or posedge Reset )
begin
    if( Reset )Tx_Cunt <= 8'b0;
    else if( Data_RDY == 1 )Tx_Cunt <= 8'b0;
    else Tx_Cunt <= Tx_Cunt +1;
end


//----------- 发送同步头 -------------------------

parameter  HeadPattern_1 = 8'b1100_0101;
parameter  HeadPattern_2 = 8'b0011_1010;


always @( posedge Tx_ClkG or posedge Reset )
begin
    if( Reset ) Tx_Head <= 1'b0;
    else if( Tx_Cunt == 0 ) Tx_Head <= 1;
    else if( Tx_Cunt == 8 ) Tx_Head <= 0;
end
assign   Frame_o = ( Tx_Head == 1 )? Head_o : Data_o;
                                    // Tx_Head 用来选择发送 Head 还是 Data
```

```
always @( posedge Tx_ClkG or posedge Reset )
begin
    if( Reset ) Head_Buf <= 8'b0;
    else if( Tx_Cunt == 0 && Tx_Head == 0 )Head_Buf <= ( Frame_o )? HeadPattern_1:
                                                             HeadPattern_2 ;
    else repeat( 8 )Head_Buf <= Head_Buf << 1;
end


// -------------- 生成 FSM 的工作时钟信号,一帧产生一个 FSM 时钟 ----------------

reg       FSM_Clk;
always @( posedge Tx_ClkG or posedge Reset )
begin
    if(Reset) FSM_Clk <= 1'b0;
    else if( Tx_Cunt == 7 )FSM_Clk <= 1;      // 在加载完 Tx_Buf 后生成 FSM_Clk
    else FSM_Clk <= 0;
end

// --------------------- 调用状态机 --------------------------------------

reg       [7:0]FSM_Cmd;
reg       [15:0]Length;
reg       [15:0]SYN_Len;
wire      [15:0]AD_Data_cnt;
wire      [15:0]SYN_Len_cnt;

CX_FSM CX_FSM_1(
// input
        .Reset( Reset ),
        .Set_DYZ( Set_DYZ ),
        .FSM_Cmd( FSM_Cmd ),
        .Length( Length ),
        .SYN_Len( SYN_Len ),
        .FSM_Clk( FSM_Clk ),
// output
        .CJZ_Cmd( CJZ_Cmd ),
        .AD_Data_cnt( AD_Data_cnt),
        .SYN_Len_cnt( SYN_Len_cnt)
        );
```

```
// ********************* 加载 Tx_Buf *************************
wire      [127:0]Out_FIFO_128;
wire      Out_FIFO_EMPTY;


always @( negedge Tx_ClkG or posedge Reset )
begin
    if( Reset )
      begin
          Tx_Buf < = 120'b0;
          FSM_Cmd < = 8'h00;
          Length < = 16'h0000;
          SYN_Len < = 16'h0000;
      end
    else if(Tx_Cunt = = 6)
      begin
          if(Force_Passive = = 0)              // 交叉站的 Active_o 初始化 = 0
            begin
                if (ha_CMD_flag = = 1 && Set_DYZ = = 1)
                    begin
                        Tx_Buf < = { ha_DYZ_CMD,Dumy_CRC };
                                            // 只有电源站主动模块才能转发 ha 命令
                        FSM_Cmd < = CPU_CMD_1[7:0]   // 传递采 FSM 状态转移码
                                Length < =  CPU_CMD_3;     // 传递采集长度参数
                        SYN_Len < =  CPU_CMD_4;// Set_DYZ = 1 禁止传递同步道数参数
                    end
                else if((CPU_CMD_8 = = 16'h5555 )||(CPU_CMD_8 = = 16'h6666))
                                            // 都能发送 CPU 命令
                  begin
                      Tx_Buf < = {CPU_CMD_1,CPU_CMD_2,CPU_CMD_3,CPU_CMD_4,CPU_CMD_5,
                              CPU_CMD_6,CPU_CMD_7,Dumy_CRC};
                      FSM_Cmd < = CPU_CMD_1[7:0];   // 传递采 FSM 状态转移码
                      Length < =  CPU_CMD_3;                     // 传递采集长度参数
                      SYN_Len < =  CPU_CMD_4;                  // 传递同步道数参数(2000 道)
                  end
                else
                  begin                                   // 发送 FSM 当前输出的命令
                      Tx_Buf < = {CJZ_Cmd,8'h00,CPU_CMD_2,CPU_CMD_3,CPU_CMD_4,
                              CPU_CMD_5,AD_Data_cnt,SYN_Len_cnt,Dumy_CRC };
                      FSM_Cmd < = 8'h00;     // 清除 FSM_Cmd 中保存的当前参数
                  end
            end
        end
```

```verilog
                else if(Set_DYZ == 1)                    // 如果是电源站被动模块
                    begin
                        if( Out_FIFO_EMPTY == 0 )Tx_Buf <= {Out_FIFO_128[127:16],Dumy_
                        CRC};
                        else Tx_Buf <= 120'b0;        // 如果 Out_FIFO 空,发送全 0。
                    end
            end
        else if( Tx_Cunt > 6 && Tx_Cunt[0] == 0 ) Tx_Buf <= Tx_Buf << 1;
end


//-------------------发送清除 CPU_CMD_8 的握手信号 -------------------

always @( posedge Tx_ClkG or posedge Reset )
begin
    if( Reset ) CPU_CMD_Loded <= 1'b0;
    else if(( Tx_Cunt == 6 ) && ( CPU_CMD_8 == 16'h5555 ))  CPU_CMD_Loded <= 1'b1;
                                // 只清除 h5555
    else CPU_CMD_Loded <= 1'b0;                  // CPU_CMD_Loded 只维持 1 个 Tx_ClkG 宽度
end

// ----------------- 生成 CRC 校验码字节 --------------------
reg     [7:0]CRC_tx;
reg     [7:0]CRC_Buf;
wire    CRC_MSB = CRC_Buf[7];
wire    Tx_CRC_FB = CRC_tx[7] ^ Tx_Buf_MSB;

always @( negedge Tx_ClkG or posedge Reset )      // 注意是 Tx_Clk32G 下降沿
begin
    if ( Reset ) CRC_tx <= 8'hFF;
    else if( Tx_Cunt == 6 )CRC_tx <= 8'hFF;       // 必须在 Tx_Cunt = 6 设置成 ff
    else if( Tx_Cunt[0] == 0 )                    // Tx_Cunt = 偶数 8 才开始生成校验码
        begin
            CRC_tx[0] <= Tx_CRC_FB;
            CRC_tx[1] <= CRC_tx[0];
            CRC_tx[2] <= CRC_tx[1];
            CRC_tx[3] <= CRC_tx[2];
            CRC_tx[4] <= CRC_tx[3] ^ Tx_CRC_FB;
            CRC_tx[5] <= CRC_tx[4] ^ Tx_CRC_FB;
            CRC_tx[6] <= CRC_tx[5];
            CRC_tx[7] <= CRC_tx[6];
        end
```

Chapter 10

```
end

// --------------- 发送 CRC 码 -----------------------------------------

always @( posedge Tx_ClkG or posedge Reset )
begin
    if( Reset ) CRC_Buf <= 8'hff;
    else if( Tx_Cunt = = 230 ) CRC_Buf <= CRC_tx;
                                // 第 14 个字节结束(112 位)得到 CRC 校验码
    else if ( Tx_Cunt > 230 && Tx_Cunt[0] = = 0 ) CRC_Buf <= CRC_Buf << 1;
                                // 232 开始输出,(224 + 8),8 是头段
end

// ------------------------- CRC 加载和移位-------------------------------

reg     Send_CRC;

always @( posedge Tx_ClkG or posedge Reset )
begin
    if( Reset ) Send_CRC <= 0;
    else if( Tx_Cunt = = 230 )Send_CRC <= 1;
    else if( Tx_Cunt = = 246 )Send_CRC <= 0;
end
// ----------------- 切换移位寄存器输出 -------------------------------------
reg     Tx_Buf_MSB_2;
always @( posedge Tx_ClkG or posedge Reset )
begin
    if( Reset ) Tx_Buf_MSB_2 <= 0;
    else if( Tx_Cunt[0] = = 0 ) Tx_Buf_MSB_2 <= Tx_Buf_MSB;
end
assign    Tx_Data_b = ( Send_CRC ) ? CRC_MSB : Tx_Buf_MSB_2;

//------- 在 Tx_Cunt[0] = 0 时利用 Clk2xG 的上升沿(数据位前沿)决定是否翻转极性 ----------

always @( posedge Tx_ClkG or posedge Reset )
begin
    if ( Reset ) Data_o <= 0;
    else if( Tx_Cunt[0] = = 0 )
      begin
          if( Tx_Data_b = = 0 ) Data_o <= ~Frame_o;// 决定数据位边沿是否需要翻转极性
          else Data_o <=   Frame_o ;
```

```verilog
          end
       else if( Tx_Cunt[0] = = 1 ) Data_o < = ~Frame_o;// 在数据位的中心位置总是翻转极性
end

// * * * * * 因为 Tx_ClkG 的操作必须和 Rx_ClkG 同步,所以每个模块要有 1 个 Out_FIFO * * * * * *

//------ Tx_Cunt = 5 时生成 Out_FIFO_RE ----------
reg        Out_FIFO_RE;

always @ ( posedge Tx_ClkG or posedge Reset )
begin
    if( Reset ) Out_FIFO_RE < = 0;
    else if(Tx_Cunt = = 5)Out_FIFO_RE < = 1;       // Tx_Cunt = = 6 加载 Tx_Buff 已经仿真验证
    else Out_FIFO_RE < = 0;
end
//------ 例化 Out_FIFO ------------
Out_FIFO Out_FIFO_0(
        .rst( Reset_Out_FIFO ),
        .wr_clk( clk_8x ),
        .wr_en( ! Out_FIFO_WE ),       // Out_FIFO_WE 是负脉冲,WE 正有效
        .din(Y),
        .full( Out_FIFO_FULL ),

        .rd_clk( Tx_ClkG ),
        .rd_en( Out_FIFO_RE ),
        .dout( Out_FIFO_128 ),
        .empty( Out_FIFO_EMPTY )
        );
// ---------------- 输出 STAT_LED 的驱动信号 ----------------------
reg    [14:0]Sync_cnt;
reg    [2:0]Sync_dly;

always @ ( posedge SyncHead or posedge Reset )
begin
    if( Reset ) Sync_cnt < = 15'b0;
    else   Sync_cnt < = Sync_cnt +1;
end
always @ ( posedge Rx_ClkG ) Sync_dly < = { Sync_dly[1], Sync_dly[0], Sync_cnt[14]};
assign    Sync = ({ Sync_dly[2], Sync_dly[1]} = = 2'b01 )? 1:0;

endmodule
```

11 Chapter 11
地震仪系统的测试

11.1　测试原理和方法

地震仪系统的测试包括对交叉站、电源站和采集站的测试。而测试操作最终主要落实到对采集站的操作和控制,测试方法如下。

1. 测线初始化

测线连接完成后中央站要做的第一件事就是发送"定向命令"。定向命令使所有的电源站和采集站都完成主动模块和被动模块的设置任务,并分别获得全局逻辑序号 Glob_No 和局部逻辑序号 Local_No。

2. 读取采集站数据

采集站上电后 CPU 将保存在非易失存储器中的配置参数写进 AD 转换器的配置寄存器,AD 转换器随即开始采集数据。但此时 CPU 并不去读取 AD 结果,而是将采集站的 ID 放在给 FPGA 的数据输出端口上,并把数据类型 Data_Type 写成 c2,然后等待中央站的命令。

（1）读取采集站 ID

如果是刚上电和执行完定向命令,中央站只需直接发送一条"读采集站数据"命令（a007）,就能读到 c2 打头的采集站 ID 数据。

但如果采集站先前已经被切换到输出其他数据的状态,中央站必须先发送一条"读取 ID 数据"命令（a004_a0c2）。采集站 CPU 就重新把 ID 数据放到 FPGA 端口上,中央站接着发送一条 ha007 命令就又能读到采集站 ID。命令帧的 word3 指定读次数,如填 1,表示只读 1 次。

（2）读非同步 AD 数据

中央站先发送一条"读非同步 AD 数据"命令（a004_a0c0）。采集站 CPU 收到此命令后立将数据类型 Byte 1 写成 c0,并按已设定的采样率读取 AD 结果。如果是 1 ms 采样,则把采样结果进 FPGA 端口的 Byte 3~Byte 5。如果是 0.5 ms 采样,则把第 2 个采样结果写进 Byte 6~Byte8。

做好上述切换后中央站再发送一条"读采集站数据"命令（a007）就能读到 c0 打头的非同步 AD 数据。命令的 word3 指定要采集的样点数,此项操作用来收集采集站的各种自检诊断数据。

（3）读同步 AD 数据

中央站需发送"AD 同步"命令（a014_05c1）,命令的 word3 是采集长度,word4 是同步序号。采集站 FPGA 在检测到与本站符合的同步序号时,给 AD 转换器发送 AD 同步脉冲,同时给 CPU 发送中断,CPU 随即将数据类型 Byte 1 写成 c1。CPU 将 AD 采集结果写进 FPGA 端口的 Byte 3~Byte 8。中央站在最后一条"AD 同步子命令"后发送"读采集站数据"命令(a007),就能读到 c1 打头的同步 AD 数据。此项操作用来采集地震数据。

(4) 读 ADC 的配置数据

中央站先发送"读 ADC 配置"命令(a004_0ac3)。采集站 CPU 收到命令后,将 ADS1282 的 CFG0 和 CFG1 寄存器的数据写进同步数据帧的 Byte 3~Byte 5,将数据类型 Byte 1 写成 c3。这时中央站再发送"读采集站数据"命令,这时就能读到 c3 打头的 ADC 配置数据。命令的 word3 填写要读的次数。

(5) 读取 ADC 的标定数据

中央站先发"读取 ADC 标定"命令(a004_0ac4)。采集站 CPU 收到命令后,将数据类型 Byte 1 写成 c4,并将 ADS1282 的 OFC 和 FSC 寄存器数据写进 Byte 3~Byte 5。这时中央站再发送"读采集站数据"命令(a007)就能读到以 c4 打头的 ADC 标定数据。命令的 word3 指定要读的次数。

3. 给采集站写数据

(1) 存储采集站 ID

中央站发送"存储采集站 ID"命令,一条命令只能保存一个采集站的 ID。实际地震仪产品是将 6 个采集站串接在一起组成一个采集链。我们编写的"地震仪测试台软件"可对 6 个串联的采集站同时执行"存储 ID"操作。操作方法将在后面章节详细介绍。ID 写完后必须给采集站断电后再重新上电,才能读回新分配的 ID 号。

(2) 配置 ADC 的 CFG0 和 CFG1 寄存器

CFG0 和 CFG1 寄存器决定 ADC 的操作模式。中央站发送"配置 ADC"命令,采集站 CPU 将命令中的 CFG0 和 CFG1 值写进这 2 个寄存器,同时存进采集站 CPU 的非易失存储器。下次上电时 CPU 将调出这些参数写进 CFG0 和 CFG1 寄存器。CFG 寄存器配置完后可以发送"读 ADC 配置"命令来检查配置结果。

(3) 保存 ADC 标定值

采集站中的 AD 转换器、基准电源(Vref)以及信号输入多路器 MUX 的性能在出厂时都会有一定的偏差,同时在使用的过程中也会因老化发生漂移和变化,从而影响测量的精度。但是只要对这些偏差和变化进行适当的补偿,仍然能够得到足够准确的数据采集结果。常用的做法是在产品出厂时以及随后的使用过程中,定期地对采集站的 AD 转换器进行标定。所谓标定就是测量出 AD 转换器的直流偏移和增益误差,计算出校准系数,存进 AD 转换器的 OFC 和 FSC 寄存器中。ADS1282 能在数据采样过程中自动利用这 2 个校准系数对 AD 转换的结果进行修正。OFC 和 SFC 寄存器各由 3 个字节组成。OFC 用来校准 ADC 芯片的直流偏移,OFC 用来校准芯片的满标增益误差。使用采集站命令获取校准系数的步骤如下:

① 把偏移补偿 OFC 值置成 0,把增益补偿值置成 1

发送"存储 ADC 标定值"命令,将 OFC[2:0]的 3 个寄存器都置成 0(复位值),同时将 FSC[2:0]寄存器置成 h400000(复位值)。这两个值分别把 ADC 直流偏移补偿设成 0,增益补偿系数设成 1。

② 将 ADS1282 的差分输入端短接,获得直流偏移值(OFC)

等系统稳定后,发送"读非同步 A/D 数据"命令和"读采集站数据"命令。读取 n 次 ADC 结果,取得的平均值就是 ADS1282 在增益系数=1 下的直流偏移校准值 OFC。

③ 保存 OFC 值

发送"存储 ADC 标定值"命令,把第②步得到的 OFC 值写进 OFC[2:0]寄存器,FSC 寄存器仍然写 h400000。

④ 输入以标准电压

在 ADS1282 的差分输入端加一标准直流电压(如精确的 2.048 V)。等系统稳定后,启动 AD 转换。读取 n 次结果,取平均值。然后根据下面公式计算出 FSC 值:

$$FSC[2:0] = 400000 \ h \times \frac{2.048V}{实际输出值}$$

⑤ 保存 FSC 值

再次发送"存储 ADC 标定值"命令,将上式计算结果写进 ADS1282 的 FSC[2:0]。而 OFC[2:0]仍写第②步取得的值。CPU 同时将这 2 个寄存器的值写进非易失存储器,以备下次上电时调出使用。

保存 ADC 标定值后,可以执行"读取 ADC 标定值"命令来检查结果是否正确。

11.2 地震仪测试台

采集站的生产加工在完成 PCB 板焊接后,需要检查电源、下载代码、执行 ADC 标定、分配 ID、测试各项功能,上述大部分操作可通过地震仪测试台完成。

地震仪测试台用一个标准的交叉站做硬件平台,配上计算机和测试软件。计算机和交叉站之间通过网口线和串口线相连。图 11.1 是测试单个采集站的照片。交叉站的一个测线端口与采集站的一个端口相连,采集站的另一端口接一个闭环端接器。端接器用 2 个 0.1 μF/100 V 的电容组成。

1. 电源测试

采集站 PCB 板焊接完后的第一步是电源测试,用交叉站输出的 48 V 采集站供电(也可以用稳压电源供电)。采集站电路板上共有以下几组电压:

(1) 48 V 输入电压

采集站从通信电缆上获得交叉站的 48 V 电压,经 DC/DC 变换后在变压器的次级输

图 11.1　采集站测试台的组成

出+5.4 V(允许范围 5.2~5.5 V)。板上其他所有所需电压均由此提供。

(2) 模拟电路供电 A5 V(允许范围 4.87~5.1 V)。

(3) ADC,DAC 芯片的基准电压,REF5050 输出(5.00±0.1 V)。

(4) 数字电路供电 1.5 V(1.425~1.575 V),2.5 V(2.3~2.7 V),分别在 LTC3545 的 2 个输出电感器上测量。

以上几组电压如果都在正常范围内,那么采集站电路板的电源电路已经正常。如果出现发生故障大多是虚焊问题。可以在放大镜下检查,找到虚焊点,重新焊接后就能解决。

2. 下载采集站 FPGA 和 CPU 的固码

电源测量正常后就可以对 FPGA 和 CPU 进行编程。编程完成后断开采集站电源,然后重新上电。

3. 初步测试通信功能

连接交叉站,给编程后的采集站重新上电。因为交叉站状态机给测线采集站连续发送空操作命令(NOP),如果采集站 PCB 板上的状态指示灯以 0.5 s 的间隔闪烁,表示电路板的通信功能基本正常。如果发现状态指示灯不亮或者闪烁速度变慢,提示通信有故障。

通信故障的排除一般比较简单,因为采集站电路板上与通信有关的元器件只有 4 个通信变压器,FPGA 和 3 个晶振,只需检查这些部件的焊接就可以发现问题。

4. 应用地震仪测试台软件

采集站测试台软件可以执行采集站的 ID 分配、AD 转换器的标定、观察动态采集波形等功能。图 11.2 是测试台程序主窗口的屏幕截图。点击窗口工具栏中的图标 ![icon]，弹出下面的网口选择对话框，要求选择网卡以建立和交叉站的通信(见图 11.3)。

选择正确的网卡后按确认键，然后先按一下测试台软件主窗口右上角的"电源 1 关"和"电源 1 开"，再按"电源 2 开"和"电源 2 关"按钮(见图 11.2)，观察是哪个开关在控制采集站的供电(因为交叉站左右两个端口都可以接采集站)。注意，启动"电源开"是观察采集站动态地震波形的必需操作，否则波形显示将不会启动。

测试台主窗口中有采集站 1 到采集站 6 共 6 个子窗口，可以对最多 6 个串联的采集站(一个采集链)进行 ID 分配、读 ID、执行 ADC 标定、保存标定结果、观察 AD 波形、执行诊断等操作。但是 AD 转换器自动标定只能在"采集站 1"窗口对单个采集站执行。

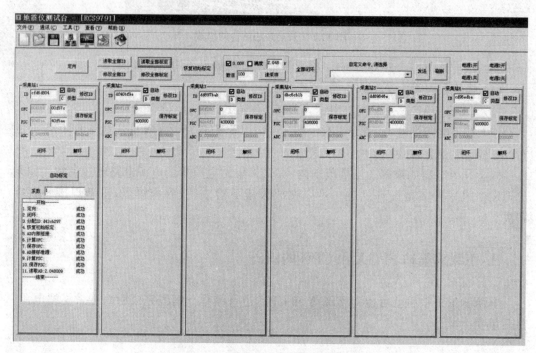

图 11.2　采集站测试台主窗口-1

图 11.3　选择网卡

(1) 单个采集站的标定

图 11.2 平铺 6 个采集站测试子窗口，"采集站 1"在最左边的子窗口，其放大图见图 11.4。该窗口分上半部分用于人工操作，下方的"自动标定"按钮用于执行自动标定操作。实施自动标定操作很简单，只需在被测采集站的传感器输入端加上 2.048 V 的基准电源，确认极性正确，系数窗口设置值输入 1，然后直接按"自动标定"按钮就行了。自动标定窗口会同步显示标定操作的每个步骤，最后报告标定的成功或失败。标定窗口最后一条报

告标定后对 2.048 V 标准电压的采样值,误差小于 0.1% 视为标定成功。

图 11.4　采集站的自动标定

　　自动标定时软件会给采集站分配一个 ID 号,其第一个编码指定为 d,自动标定成功后的 ID 和校准系数 OFC、FSC 值都被存进采集站的非易失存储器,同时在窗口上部的 ID、OFC 和 FSC 灰色窗口显示具体数值。"采集站 1"窗口的上半部分可对 ID、OFC 和 FSC 做人工修改。操作人员只需把修改的数字填进参数输入窗口,然后按下"修改 ID"和"保存标定"按钮就可以分别把新的 ID、OFC 和 SFC 写进采集站的非易失存储器,并在灰色窗口中显示新值。

　　(2) 给采集链分配 ID

　　地震仪通常都是把 6 个采集站串联成一个采集链用于野外生产。采集链中每 2 个采集站之间有 25 m 电缆,但两端的采集站各有一个带 12.5 m 电缆的接插头。我们在分配 ID 时需要把采集链中间和两端的采集站加以区分,这样便于中央站了解测线上采集链的连接状况(可以画出采集链的连接插头位置)。

　　采集站 ID 用 4 个字节的 8 位 BCD 码表示,测试台程序可以自动给 6 个串联的采集站分配 ID。自动分配的 ID 第 1 个 BCD 码都是 d,剩下的 7 个 BCD 码来自计算机系统的时钟。如果是用同一台计算机为采集站分配 ID,那么 ID 就没有重复的可能。

　　为了让地震仪中央站方便识别测线中的采集链的连接状态,我们把 6 个一串采集链的两端采集站的 ID 的最高位改成 c,表示是电缆接头端,而 d 表示是中间采集站。例如c1234568 和 d1234567。

　　检查采集链正常与否,可以在采集链的尾端连接头接一个闭环端接器,先按"定向"按钮(发送定向命令),然后再按"读取全部 ID"和"读取全部标定"按钮。这时每个采集站子窗口的灰色数据栏中都会显示自动标定时保存的 ID 号和 OFC、SFC 值。如果希望将两端的采集站 ID 从 d 修改成 c,只需将它们的类型输入窗口改成 c,再按窗口的"修改 ID"按钮就可以了。修改完后再按"读取全部 ID"按钮,检查修改是否已经成功。

　　(3) 采集链的测试

　　采集链的测试要调用测试台程序的波形观察功能。把采集链上的 6 个采集站都接上地震传感器,按窗口工具栏图标 ,并用鼠标把屏幕最右边的窗口边框往左拖拽,就出现以下窗口。然后依次按"操作开始"和"放炮按钮"。如果 6 个采集站都正常,电缆连接也没有问题,就可以看到图 11.5 的波形。

　　如果看不到波形显示,就说明 6 个采集站中的某个或某几个有问题。这时把波形显示窗口往右拖,点击图 11.6 窗口中的"全部闭环"按钮。这时屏幕上就能看到第一道地震波形。

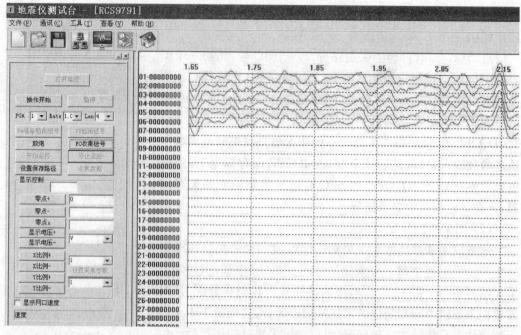

图 11.5　6 道采集站都正常时的波形

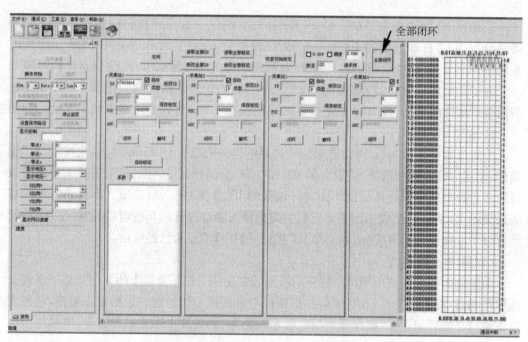

图 11.6　全部闭环道后看到第一道的波形

　　然后按采集站 1 窗口的"解环"按钮,如能看到两道波形(图 11.7)。说明前 2 个采集站是正常工作的。我们可以用此方法一直检查到第 6 个采集站。如果中途某一步解环后看不到波形了,就说明被解环采集站后面的那个采集站有问题,是该采集站没有把数据传回来。上面的步骤其实就是我们前面介绍过的电源站利用全闭环、解环功能诊断测线故障的方法。

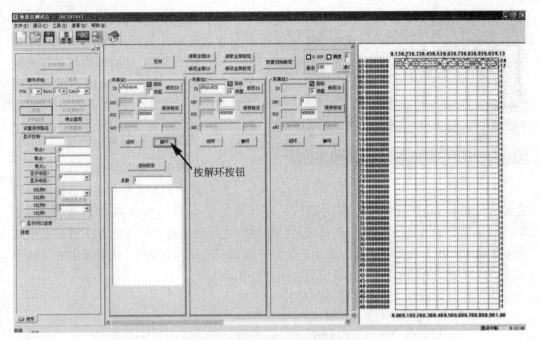

图 11.7　第一道解环后的波形

（4）48 个采集站的测试

地震仪测试台最多可以观察 48 个串联采集站（即 8 个采集链串联）的波形。操作方法是在第 48 个采集站的尾端加一个端接器，然后按"操作开始"和"放炮"按钮，就能看到图 11.8 的波形。

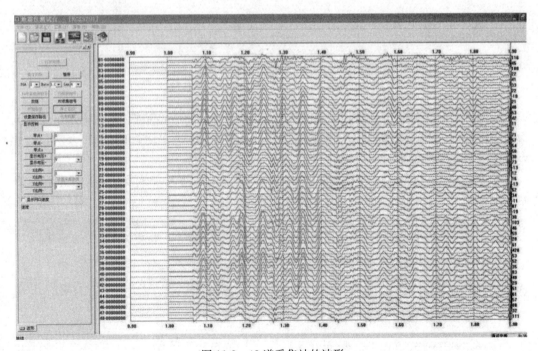

图 11.8　48 道采集站的波形

图 11.9　测试 48 道采集站误码

测试台每次记录和显示 10 s 的波形，然后重新开始。只要不按"停止操作"按钮，自动"放炮"将永远循环执行。在这期间可以用误码记录器观察 48 道的长时间运转情况。如果 24 小时都不出一个错，则误码率小于 10^{-12}。见图 11.9 中的误码记录仪。

（5）利用串口发命令测试

另一种测试方法是利用计算机串口给交叉站发送调试命令进行采集站测试。将计算机的串口与交叉站串口连接，启动 SecureCRT 终端仿真程序，选择端口，设置波特率，就可以用输入命令的方法测试采集站或采集站串。此方法实际是在计算机上模拟终端给交叉站发送命令，然后读出交叉站中 In_FIFO 接收到的同步数据，查看采集站执行命令的结果。

首先启动 SecurityCRT 终端仿真程序，设置串口：

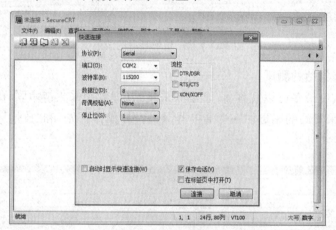

图 11.10　串口设置

给交叉站发送命令可以复制以下的文本中的命令行，然后粘贴到 SecureCRT 的输入窗口中就可以了。开始命令测试，首先要删除或暂停 CPU 中运行的任务。一些常用 .vxworks 调试命令如下：

● 删除交叉站中运行的 CPU 任务（即采集站测试台程序），如恢复任务必须重启交叉站电源

```
td "lineRxTask"
```

● 暂时挂起 CPU 任务，恢复任务不必重启电源

```
ts "lineRxTask"
```

● 恢复被暂停的 CPU 任务

```
tr "lineRxTask"　或按 CTRL + X 键
```

- 读交叉站和电源站统计数据

ps

以下是对采集站的基本测试命令。命令中的 0xfa000010 和 0xfa000020 对应交叉站左右两边的测线端口的起始地址。Test_FIFO1 和 Test_FIFO2 是在交叉站内部的 2 个小程序，用来读 2 个 In_FIFO 中的数据。Test_FIFO2 对应 0xfa000010 端口，Test_FIFO1 对应 0xfa000020 端口。命令帧由 8 个 word 组成，最后一个 word 发 5555，换行后输入"."（注意命令不含括号）和回车结束。下面是测试例子。

① 发送定向命令

```
m 0xfa000010
a00a
aa55
aa55
0
0
0
0
5555

.
test_FIFO2(此命令可多发几次,将 In_FIFO 清空 )
```

② 发送"读采集站 ID"命令，让 CPU 从其他状态回到输出 ID 数据状态，读 1 次。

```
m 0xfa000010
a004
0ac2
0
0
0
0
0
5555
.
m 0xfa000010
a007
0
1          (指定只读 1 次)
0
0
```

```
0

0

5555

.

test_FIFO2
```

下面是串联 6 个采集站时显示的 ID 号，数据类型是 c2。粗体字是采集站 ID 号。

```
0x0150ea30:                           c201 c7b2 ddc4 0000    *          ...... *
0x0150ea40:  0001 0000 0000 6755 c202 d7b2 dee7 0000    *.......gU........*
0x0150ea50:  0003 0000 0000 0b55 c203 d7e3 6d52 0000    *.......U....mR..*
0x0150ea60:  0004 0000 0000 1855 c204 d7b2 ffbb 0000    *.......U........*
0x0150ea70:  0005 0000 0000 3255 c205 c7b2 ffc6 0000    *......2U....... *
0x0150ea80:  0006 0000 0000 ff55 c206 c7b2 ffd6 0000    *.......U.U.U.U.U*
```

③ 发送"非同步 AD"，"读采集站数据"，"读 SYNC_FIFO"共 3 条命令，读回非同步 AD 数据

```
m 0xfa000010

a004

0ac0        (切换到读非同步 AD 转换数据)

0

0

0

0

0

5555

.

a007

0

1           (只读 1 次，可修改此处)

0

0

0

0

5555

.

test_FIFO2
```

观察到的 6 道采样数据如下（粗体的 3 个字节是 AD 采样值）：

```
0x0150ea30:                           c001 ffff ee00 0000    *          ...... *
0x0150ea40:  0001 0000 0000 ac55 c002 ffff e300 0000    *.......U........ *
```

```
0x0150ea50:   0002 0000 0000 fd55 c003 0000 1200 0000   *.......U........*
0x0150ea60:   0003 0000 0000 9f55 c004 0000 1000 0000   *.......U........*
0x0150ea70:   0004 0000 0000 9455 c005 ffff e000 0000   *.......U........*
0x0150ea80:   0005 0000 0000 bc55 c006 0000 0e00 0000   *.......U........*
0x0150ea90:   0006 0000 0000 8055 8055 8055 8055 8055   *.......U.U.U.U.U*
```

④ 发送"同步 AD"命令,直接读回同步 AD 结果,不需要再发送"读采集站数据"命令

```
m 0xfa000010
a014
05c1
03e8      (采样 1000 个采样点 = 1 秒)
07d0      (同步 2000 个采集站)
0
0
5555
.
test_FIFO2
```

⑤ 交叉站开通 48 V 电源,同时给 2 个测线端口供电
Bit3=RLY2_ON,Bit2=RLY1_ON,Bit1=POL_CTRL, Bit0=48 V ON。

```
m 0xfa000038
ffff
.
```

⑥ 交叉站单独开通 0xfa000010 测线端口的 48 V 电源

```
m 0xfa000038
4
.
```

⑦ 关闭 48 V 电源输出,同时关闭对 2 个测线端口的供电。

```
m 0xfa000038
0
.
```

⑧ 线速打包
　　所谓线速打包就是以 16 Mbps 的数据传输速率连续不断地发送同一数据帧,但数据帧必须是以 c 打头,以 6666 结束。交叉站将连续重复发送该数据帧的前 14 个字节数据,测试人员可以任意修改数据帧的内容以测试不同数据的码间干扰以及长时间通信可靠性。采集站将接收到的 c 类型数据回传给交叉站,交叉站将其写进 In_FIFO 。test_

FIFO2 命令用来读出 In_FIFO 中的数据。

- 码序 1

```
m 0xfa000010
c1c1
1111
1111
1111
1111
1111
cccc
6666
.
test_FIFO2
```

- 码序 2

```
m 0xfa000010
c1c1
2222
3333
4444
ffff
eeee
55aa
6666
.
test_FIFO2
```

- 码序 3

```
m 0xfa000010
c1c1
fefe
fefe
fefe
fefe
fefe
fefe
6666
.
test_FIFO2
```

12 Chapter 12
误码仪的制作

数字地震仪的研制和生产过程中需要监视通信质量,误码仪是必不可少的测试仪器。因为测线上的通信协议是自定义的,市场上根本没有合适的设备可选,只能自己制作。下面是误码仪的 HDL 设计和电路图。

12.1　误码仪顶层模块

ERR_Cunt_Top

```
`timescale 1ns /1ps
/*****************************************************************
**************************
此模块对 FDU 的回传数据中的 CRC 错误计数,传输方式为 8 位同步头 /15 个有效字节帧。
RX1(电路板的左边插座)接收 LXU 发送的命令,解码后经 TX1(电路板右边插座)转发给 FDU。
RX2(电路板的右边插座)的将 FDU 回传的数据转发给 LXU。但模块检查 FDU 回传数据帧中的 CRC 错,
并在 LED 数码管上显示错误计数。
*****************************************************************
**************************** /
module ERR_Cunt_Top(
//-------------- 定义采集站的 I/O 引脚功能 -------------------------------------
input     reset_i,          //(MAX811 R(2.68 V) 的复位输入)
input     Clk_16,           //16.384 MHz TCXO 输入
input     Clk2x_1,          // (CLK1) VCXO - 1,(32.768 MHz),靠近右边插座 RX2
input     Clk2x_2,          // (CLK2) VCXO - 2,(32.768 MHz),左边插座靠近 RX1
input     lvds_i_p1,        // (RX1 + ) 在电路板的左边插座,接收 LXU 命令
input     lvds_i_n1,        // (RX1 - )
input     lvds_i_p2,        // (RX2 + ) 在电路板的右边插座, 接收 FDU 数据
input     lvds_i_n2,        // (RX2 - )

output    UP_1,             // (UP - 1) 控制 VCXO - 1
output    DOWN_1,           // (DOWN - 1)
output    UP_2,             // (UP - 2) 控制 VCXO - 2
output    DOWN_2,           // (DOWN - 2)
output    lvds_o_p1,        // (TX1 + ) 在电路板的右边插座, 转发 LXU 命令
output    lvds_o_n1,        // (TX1 - )
output    lvds_o_p2,        // (TX2 + ) 在电路板的左边插座,把 FDU 数据转发给 LXU
output    lvds_o_n2,        // (TX2 - )
output    reg STAT_LED,     // (LED2)
output    reg [3:0]DG,      //数码管驱动线
```

```
output   reg[6:0]SEG // 数码管的 7 段码
);
//----------------------- 输入输出连接关系 ------------------------
//                                    +-------- VCXO_1
//                            _____|_____
//                           |                 |
//   Data_i_1( RX1 ) o------>|   转发 LXU_CMD   |----------> DataOut_1( TX1 )
//                           |_____|
//   左边端口接 LXU             +-------- VCXO_2       右边端口接采集站串
//                            _____|_____
//                           |                 |
//   DataOut_2( TX2 )<--------|   回传 FDU_Data  |<--------- o Data_i_2( RX2 )
//                           |_____|
//                                    |
//                            _____|_____
//                           |                 |
//                           |   检测显示错误    |
//                           |_____|
//
//----------------------- 缓冲下列输入信号 --------------------------------
wire     Frame_o_1;          // LXU_Cmd  输出

wire     Frame_o_2;          // FDU_Data 输出

// ------- RX1 的 LVDS 接收器的输入命令从 TX1 的 LVDS 驱动器转发输出 -------------

// ----- LVDS 接收器 1(PCB 左边)命令输入,接交叉站。
INBUF_LVDS INBUF_LVDS_1 ( .PADP( lvds_i_p1 ), .PADN( lvds_i_n1 ), .Y( DataIn_1 ));
 //LVDS 发送器 1(PCB 右边),接采集站。
OUTBUF_LVDS OUTBUF_LVDS_1 ( .D( Frame_o_1 ), .PADP( lvds_o_p1 ), .PADN( lvds_o_n1 ));

 //--------- RX2 的 LVDS 接收器的输入信号给 Re_Transmit 模块 -----------------

 //LVDS 接收器 2(右边)数据输入,接采集站。
INBUF_LVDS INBUF_LVDS_2 ( .PADP( lvds_i_p2 ), .PADN( lvds_i_n2 ), .Y( DataIn_2 ));
 //LVDS 发送器 2(左边)数据输出,接交叉站。
OUTBUF_LVDS OUTBUF_LVDS_2 ( .D( Frame_o_2 ), .PADP( lvds_o_p2 ), .PADN( lvds_o_n2 ));

 //----------------------------------------------------------------------


wire     rst, Reset;
```

```verilog
INBUF        INBUF_0 ( .PAD( reset_i ), .Y( rst ));
assign       Reset = ~ rst;      //复位芯片用的是 MAX811,输出负复位脉冲,所以要反个相。


//---------------从 32.768 MHz 生成 1MH 中低频时钟-------------------------

wire         Tx_Clk2xG;
wire         Clk_1M;
wire         Clk_4k;


Clk_TX Clk_TX_0(
            .POWERDOWN( 1'b1 ),
//          .LOCK(),
            .CLKA( Clk_16 ),
            .GLA( Tx_Clk2xG ),
            .GLB( Clk_1M )
//          .GLC( CLK_4k )
            );


//-------------- 当正反方向通信都存在时,闪亮 STAT_LED --------------------
//   用两个模块的 SyncHead 分频输出的 Sync 来驱动采集站状态指示灯
wire         Sync_1, Sync_2;
wire         AN1, AN2;
assign       AN1 = Sync_1 && ! AN2;
assign       AN2 = Sync_2 && ! AN1;


always @ ( posedge AN1 )
begin
            STAT_LED <= ! STAT_LED;
end
//-------------------- 调用低层模块 ----------------------------------

TxCMD_RxDATA TxCMD_RxDATA_0(
            .Data_i( DataIn_1 ),
            .Tx_Clk2xG( Tx_Clk2xG ),
            .Clk2x( Clk2x_1 ),
            .Reset( Reset ),

            .UP( UP_1 ),
            .DOWN( DOWN_1 ),
            .Sync( Sync_1 ),
            .Frame_o( Frame_o_1 )
```

```
                    );

wire        [12:0]CRC_ERR_cunt;
TxCMD_RxDATA TxCMD_RxDATA_1(
            .Data_i( DataIn_2 ),
            .Tx_Clk2xG( Tx_Clk2xG ),
            .Clk2x( Clk2x_2 ),
            .Reset( Reset ),

            .UP( UP_2 ),
            .DOWN( DOWN_2 ),
            .CRC_ERR_cunt( CRC_ERR_cunt ),
            .Sync( Sync_2 ),
            .Frame_o( Frame_o_2 )
            );


//--------------- 获取 4kHz 的 LED 数码管控制时钟 -------------------
reg        [9:0]Count;                    //10 位分频计数器

always @( posedge   Clk_1M )
    begin
        Count <= Count + 1;
    end
assign   Clk_4k = Count[7];    //1 MHz 除以 256,获得 4kHz 时钟


//------------- 13 位二进制码转换成 4 位 BCD 码 -----------------------------
reg        [15:0]BCD;
reg        [28:0]z;
integer   i;

always@( * )                   //( * )表示只要输入信号有改变就执行以下操作
begin
    for(i = 0;i <= 28;i = i + 1)
    z[i] = 0;
    z[15:3] = CRC_ERR_cunt;                     //左移 3 位

    repeat(10)
    begin
        if(z[16:13]> 4)z[16:13] = z[16:13] + 3;    //个位大于 4 加 3
        if(z[20:17]> 4)z[20:17] = z[20:17] + 3;    //十位大于 4 加 3
        if(z[24:21]> 4)z[24:21] = z[24:21] + 3;    //百位大于 4 加 3
```

```verilog
            z[28:1] = z[27:0];
    end

BCD = z[28:13];
end

//--------------将4位BCD码转换成数码管的7段码----------------------

reg     [6:0]x1,x2,x3,x4;

always @( posedge   Clk_4k )
        begin
            case(BCD[3:0])      //第1个BCD码
                4'b0000: x1 = 7'b1111110;        //0 转换成7E
                4'b0001: x1 = 7'b0110000;        //1 转换成30
                4'b0010: x1 = 7'b1101101;        //2 转换成6D
                4'b0011: x1 = 7'b1111001;        //3 转换成79
                4'b0100: x1 = 7'b0110011;        //4 转换成33
                4'b0101: x1 = 7'b1011011;        //5 转换成5B
                4'b0110: x1 = 7'b1011111;        //6 转换成5F
                4'b0111: x1 = 7'b1110000;        //7 转换成70
                4'b1000: x1 = 7'b1111111;        //8 转换成7F
                4'b1001: x1 = 7'b1111011;        //9 转换成7B
                default: x1 = 7'bx;                  //其他输出 x
            endcase

            case(BCD[7:4])       //第2个BCD码
                4'b0000: x2 = 7'b1111110;        //0 转换成7E
                4'b0001: x2 = 7'b0110000;        //1 转换成30
                4'b0010: x2 = 7'b1101101;        //2 转换成6D
                4'b0011: x2 = 7'b1111001;        //3 转换成79
                4'b0100: x2 = 7'b0110011;        //4 转换成33
                4'b0101: x2 = 7'b1011011;        //5 转换成5B
                4'b0110: x2 = 7'b1011111;        //6 转换成5F
                4'b0111: x2 = 7'b1110000;        //7 转换成70
                4'b1000: x2 = 7'b1111111;        //8 转换成7F
                4'b1001: x2 = 7'b1111011;        //9 转换成7B
                default: x2 = 7'bx;                  //其他输出 x
            endcase

            case(BCD[11:8])      //第3个BCD码
```

```verilog
        4'b0000: x3 = 7'b1111110;        //0 转换成 7E
        4'b0001: x3 = 7'b0110000;        //1 转换成 30
        4'b0010: x3 = 7'b1101101;        //2 转换成 6D
        4'b0011: x3 = 7'b1111001;        //3 转换成 79
        4'b0100: x3 = 7'b0110011;        //4 转换成 33
        4'b0101: x3 = 7'b1011011;        //5 转换成 5B
        4'b0110: x3 = 7'b1011111;        //6 转换成 5F
        4'b0111: x3 = 7'b1110000;        //7 转换成 70
        4'b1000: x3 = 7'b1111111;        //8 转换成 7F
        4'b1001: x3 = 7'b1111011;        //9 转换成 7B
        default: x3 = 7'bx;                      //其他输出 x
    endcase

    case(BCD[15:12])      //第 4 个 BCD 码
        4'b0000: x4 = 7'b1111110;        //0 转换成 7E
        4'b0001: x4 = 7'b0110000;        //1 转换成 30
        4'b0010: x4 = 7'b1101101;        //2 转换成 6D
        4'b0011: x4 = 7'b1111001;        //3 转换成 79
        4'b0100: x4 = 7'b0110011;        //4 转换成 33
        4'b0101: x4 = 7'b1011011;        //5 转换成 5B
        4'b0110: x4 = 7'b1011111;        //6 转换成 5F
        4'b0111: x4 = 7'b1110000;        //7 转换成 70
        4'b1000: x4 = 7'b1111111;        //8 转换成 7F
        4'b1001: x4 = 7'b1111011;        //9 转换成 7B
        default: x4 = 7'bx;                      //其他输出 x
    endcase
end


//------------------ 从左向右轮流点亮 4 个数码管 ------------------------------

always @( posedge Clk_1M )
    begin
        case( Count[9:8] )
        0:  begin
                DG <= 4'b1000;
                SEG <= x4;
            end
        1:  begin
                DG <= 4'b0100;
                SEG <= x3;
            end
```

```
        2:  begin
                DG <= 4'b0010;
                SEG <= x2;
            end
        3:  begin
                DG <= 4'b0001;
                SEG <= x1;
            end
        endcase
    end
endmodule
```

12.2　误码仪底层模块

```
`timescale 1ns /1ps
 /******************************************************
 ********************
    模块名:TxCMD_RxDATA.v
    转发命令和数据,检查 CRC 错并计数
 ****************************************************** *
 ******************** /

module TxCMD_RxDATA(

input     Data_i,
input     Tx_Clk2xG,
input     Clk2x,
input     Reset,

output    UP,
output    DOWN,
output    reg [12:0]CRC_ERR_cunt,
output    Sync,
output    Frame_o
);

//----- 接收部分 ----
```

```verilog
reg        [7:0]CmdData[1:15];
reg        [7:0]Rx_Cunt;
reg        [7:0]Cmd_Buf;
reg        Frame_Sync;
reg        [119:0]Tx_Data;
reg        [7:0]CRC_rx;


// ----- 用于电流泵 ----

wire    VCC;
wire    GND;
assign  VCC = 1'b1;
assign  GND = 1'b0;


//---------- 从锁相环获得恢复的数据和同步时钟 --------------------

CLKINT    CLKINT_0 ( .A( Clk2x ), .Y( Clk2xG ));
wire      PLL_Data_o;

BB_PLL BB_PLL_0(
        .reset( Reset ),
        .clk( Clk2xG ),
        .data_i( Data_i ),
        .data_o( PLL_Data_o ),
        .mkclkfaster( mkclkfaster ),
        .mkclkslower( mkclkslower )
        );

TRIBUFF TRIBUFF_0 ( .D( VCC ), .E( mkclkfaster ), .PAD( UP ));
TRIBUFF TRIBUFF_1 ( .D( GND ), .E( mkclkslower ), .PAD( DOWN ));

//---------- 将恢复的数据输进 16 位的移位寄存器移位 --------------------

reg        [7:0]Shift_Buf;
reg        SyncHead;

always @( posedge Clk2xG or posedge Reset )
begin
    if ( Reset )
      begin
```

```verilog
                Shift_Buf <= 8'b0 ;
                Rx_Cunt <= 0 ;
          end
      else
          begin
              Shift_Buf <= { Shift_Buf[6:0], PLL_Data_o } ;
              Rx_Cunt <= Rx_Cunt + 1'b1 ;
          end
      if ( SyncHead = = 1 )Rx_Cunt <= 0;
end


//--------------- 从移位寄存器的低 16 中检测同步头 ----------------------
parameter     SyncPattern_1 = 8'b0011_1010;
Parameter     SyncPattern_2 = 8'b1100_0101;
always @( posedge Clk2xG or posedge Reset )
begin
    if ( Reset ) SyncHead <= 1'b0 ;
    else SyncHead <= (( Shift_Buf[7:0] = = SyncPattern_1)
                    || ( Shift_Buf[7:0] = = SyncPattern_2))? 1: 0;
end


//------------- 找到同步头后置起数据有效标志  Frame_Sync --------------------

always @( posedge Clk2xG or posedge Reset )
begin
    if ( Reset )  Frame_Sync <= 1'b0;
    else if ( SyncHead ) Frame_Sync <= 1'b1;
    else if ( Rx_Cunt = = 242 ) Frame_Sync <= 1'b0;// 在第 15 个字节结束时清 Frame_Sync
end


//------------------ 将 CM 码解编成串行 NRZ 码 -----------------------

reg     CmdBit_out;

always @ ( posedge Clk2xG or posedge Reset)
Begin                                           //检测移位寄存器 Shift_Buf [2:0]
    if ( Reset )CmdBit_out <= 0;
    else
        case ( Shift_Buf [2:0])
              3'b100 : CmdBit_out <= 1;
              3'b001 : CmdBit_out <= 1;
```

```verilog
            3'b011 : CmdBit_out <= 1;
            3'b110 : CmdBit_out <= 1;

            3'b101 : CmdBit_out <= 0;
            3'b010 : CmdBit_out <= 0;
        endcase
end

// --------------- 检测 CRC 码 -------------------------------------
wire CRC_FB = CRC_rx[7] ^ CmdBit_out;
always @( posedge Clk2xG or posedge Reset )
begin
    if ( Reset ) CRC_rx <= 8'hFF;
    else if( Rx_Cunt == 0 ) CRC_rx <= 8'hFF;
    else if( Rx_Cunt[0] == 1 )
        begin
            CRC_rx[0] <= CRC_FB;
            CRC_rx[1] <= CRC_rx[0];
            CRC_rx[2] <= CRC_rx[1];
            CRC_rx[3] <= CRC_rx[2];
            CRC_rx[4] <= CRC_rx[3] ^ CRC_FB;
            CRC_rx[5] <= CRC_rx[4] ^ CRC_FB;
            CRC_rx[6] <= CRC_rx[5];
            CRC_rx[7] <= CRC_rx[6];
        end
end
//-------------- 检查 hcx 打头的数据帧的 CRC,有错加 1 计数 --------------------
wire    [7:0]CmdData_1;
assign  CmdData_1 = CmdData[1];
always @ ( posedge Clk2xG or posedge Reset )
begin
    if ( Reset ) CRC_ERR_cunt <= 13'b0;
    else if( Rx_Cunt == 240 && CRC _rx! = 0 && ( CmdData_1[7:4] == 13'hC ))
                            CRC_ERR_cunt <= CRC_ERR_cunt + 1;
end

//--------------- 将串行 NRZ 码转换成并行 NRZ 码 ---------------------

always @ ( posedge Clk2xG or posedge Reset)              // 将译码的 NRZ 码存进 Cmd_Buf
begin
    if ( Reset ) Cmd_Buf <= 8'b0;
```

```
        else if ( Frame_Sync = = 1  && Rx_Cunt[0] = = 1 ) Cmd_Buf < = { Cmd_Buf[6:0], CmdBit_
out };
end


//----    -保存 15 个字节(CmdData[1]-CmdData[15]) ---------------
always @ ( posedge Clk2xG or posedge Reset )
begin
    if ( Reset )
        begin
            CmdData[1]  < = 0;
            CmdData[2]  < = 0;
            CmdData[3]  < = 0;
            CmdData[4]  < = 0;
            CmdData[5]  < = 0;
            CmdData[6]  < = 0;
            CmdData[7]  < = 0;
            CmdData[8]  < = 0;
            CmdData[9]  < = 0;
            CmdData[10] < = 0;
            CmdData[11] < = 0;
            CmdData[12] < = 0;
            CmdData[13] < = 0;
            CmdData[14] < = 0;
            CmdData[15] < = 0;
        end
    else
        case ( Rx_Cunt )
            16:  CmdData[1]  < = Cmd_Buf;
            32:  CmdData[2]  < = Cmd_Buf;
            48:  CmdData[3]  < = Cmd_Buf;
            64:  CmdData[4]  < = Cmd_Buf;
            80:  CmdData[5]  < = Cmd_Buf;
            96:  CmdData[6]  < = Cmd_Buf;
            112:  CmdData[7]  < = Cmd_Buf;
            128:  CmdData[8]  < = Cmd_Buf;
            144:  CmdData[9]  < = Cmd_Buf;
            160:  CmdData[10] < = Cmd_Buf;
            176:  CmdData[11] < = Cmd_Buf;
            192:  CmdData[12] < = Cmd_Buf;
            208:  CmdData[13] < = Cmd_Buf;
            224:  CmdData[14] < = Cmd_Buf;
```

```
        240:   CmdData[15] < = Cmd_Buf;              // 一帧的有效数据为 15 个字节
      endcase
 end


//--------------- Tx_Dat 是 15 个字节的待发送数据暂存寄存器------------------
always @( posedge Clk2xG or posedge Reset )
begin
    if ( Reset ) Tx_Data < = 120'b0;
    else if( Rx_Cunt = = 241 )                     // 这时 Tx_Cunt = 1
        begin
            Tx_Data < = { CmdData[1], CmdData[2], CmdData[3], CmdData[4], CmdData[5],
                CmdData[6], CmdData[7], CmdData[8], CmdData[9],CmdData[10],
                CmdData[11],CmdData[12],CmdData[13], CmdData[14], CmdData[15] };
        end
end


/ * * * * * * * * * * * * * * * * * 转发命令和数据 * * * * * * * * * * * * * * * * * * * * * * * * * * *
* * /
reg      Cmd_End;
always @( posedge Clk2xG or posedge Reset )
begin
    if( Reset ) Cmd_End < = 1'b0;
    else if( Rx_Cunt = = 0 ) Cmd_End < = 1;
                                    // 数据接收结束后,给出 3 个 Clk2xG 周期宽度的脉冲。
    else if( Rx_Cunt = = 3 ) Cmd_End < = 0;
end


reg      [2:0]Cmd_End_d;

always @( posedge Tx_Clk2xG or posedge Reset )
begin
    if( Reset ) Cmd_End_d < = 3'b0;
    else  Cmd_End_d < = { Cmd_End_d[1], Cmd_End_d[0], Cmd_End };
end

assignData_RDY = ({ Cmd_End_d[2],Cmd_End_d[1]} = = 2'b01 )? 1:0;


reg      Tx_Head;
reg      [7:0]Head_Buf;          //8 位同步头
reg      [119:0]Tx_Buf;          //15 个字节(120 bit)NRZ 数据发送缓冲器,包括 CRC 字节。
wire     Tx_Data_b = Tx_Buf[119];
```

```verilog
reg        [7:0]Tx_Cunt;              //发送计数器
reg        Data_o;
wire       Head_o;
assign     Head_o = Head_Buf[7];    //以 32.768 MHz 频率发送头段

parameter      HeadPattern_1 = 8'b1100_0101;
parameter      HeadPattern_2 = 8'b0011_1010;

//------------------- 清零 Tx_Count, 开始发送时序 ----------------------------

always @( posedge Tx_Clk2xG or posedge Reset )
begin
    if( Reset )Tx_Cunt <= 0;
    else if( Data_RDY == 1 ) Tx_Cunt <= 0;
    else Tx_Cunt <= Tx_Cunt + 1;
end

//------------ 设置 Tx_Head 发送控制信号 ---------------------------------

always @( posedge Tx_Clk2xG or posedge Reset )
begin
    if( Reset ) Tx_Head <= 1'b0;
    else if( Tx_Cunt == 0 ) Tx_Head <= 1;
    else if( Tx_Cunt == 8 ) Tx_Head <= 0;
end
assignFrame_o = ( Tx_Head == 1 )? Head_o : Data_o; //Tx_Head 用来选择发送 Head 还是 Data

//--------------------- 利用 Tx_Cunt 控制发送同步头或数据 ------------------

always @( posedge Tx_Clk2xG or posedge Reset )
begin
    if( Reset ) Head_Buf <= 8'b0;
    else if( Tx_Cunt == 0 && Tx_Head == 0 ) Head_Buf <= ( Frame_o )?
                                        HeadPattern_1: HeadPattern_2 ;
    else repeat( 8 )Head_Buf <= Head_Buf << 1;
end

always @( posedge Tx_Clk2xG or posedge Reset )
begin
    if( Reset )Tx_Buf <= 120'b0;
    else if( Tx_Cunt == 6 ) Tx_Buf <= Tx_Data;
```

```verilog
        else if( Tx_Cunt > 8 && Tx_Cunt[0] == 1 ) Tx_Buf <= Tx_Buf << 1;
end


//------------------------------- 发送数据 -------------------------------------

always @( posedge Tx_Clk2xG or posedge Reset )
begin
    if ( Reset ) Data_o <= 0;
    else if( Tx_Cunt[0] == 0 )
        begin
            if( Tx_Data_b == 0 ) Data_o <= ~Frame_o;  //决定数据位边沿是否需要翻转极性
            else Data_o <=   Frame_o ;
        end
    else if( Tx_Cunt[0] == 1 ) Data_o <= ~Frame_o;    //在数据位的中心位置总是翻转极性
end


//---------------------- 1SyncHead 分频 -----------------------------------------

reg     [14:0]Sync_cnt;
reg     [2:0]Sync_dly;

always @ ( posedge SyncHead or posedge Reset )
begin
    if( Reset ) Sync_cnt <= 15'b0;
    else   Sync_cnt <= Sync_cnt + 1;
end

always @ ( posedge Clk2xG ) Sync_dly <= { Sync_dly[1], Sync_dly[0], Sync_cnt[14]};
assign    Sync = ({ Sync_dly[2], Sync_dly[1]} == 2'b01 )? 1:0;

endmodule
```

12.3 误码仪电原理图

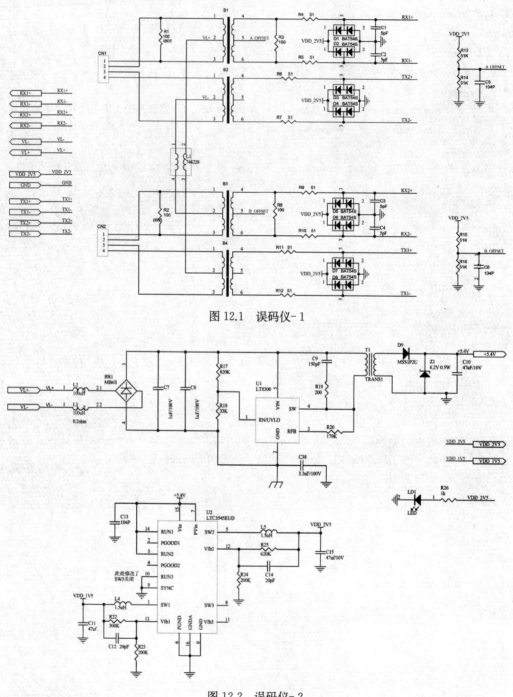

图 12.1 误码仪-1

图 12.2 误码仪-2

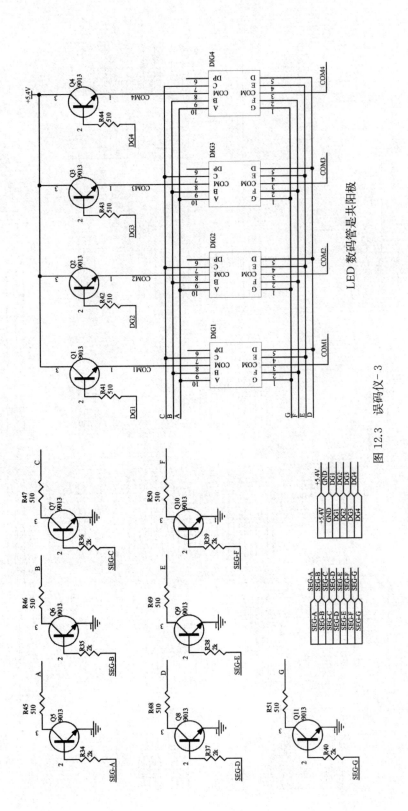

图 12.3　误码仪 - 3

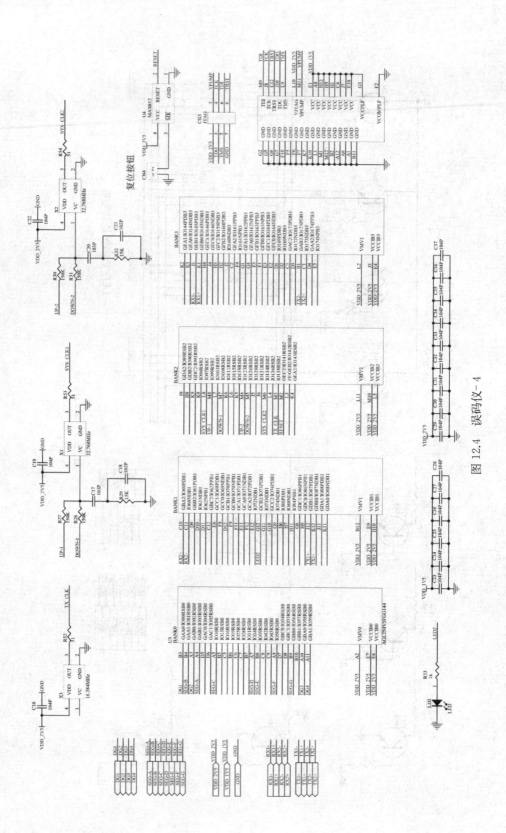

图 12.4 误码仪-4

Chapter 13

13 用 Pspice 观察 PLL 环路滤波器的波特图

前面章节提到锁相环 PLL 的环路滤波器决定 PLL 的性能，为定量分析滤波器的性能，可以使用 Cadence 的 Pspice 工具对 RC 滤波器的性能进行详细的分析。Pspice 的使用方法如下：

13.1　启动 Pspice 仿真工具

1. 点击桌面 OrCAD Captrue CIS 图标选择 OrCAD Captrue CIS

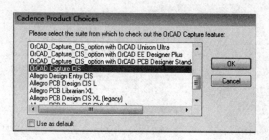

图 13.1　使用 Pspice

2. 选择生成一个新 Project

进入主菜单工具栏的 File→New→Project，出现下面对话框。输入新 Project 的名字，选择 Analog or Mixed A/D，并选择存放目录（注意，必须是英文）。

图 13.2　输入新建项目名

3. 创建新项目

在弹出的对话框中直接选择 AnalogGNDSymbol.opj 或者生成一个空项目

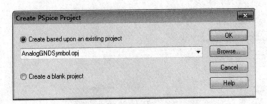

图 13.3　建立一个项目

4. 在随后弹出的对话框中选择 Pspice A/D

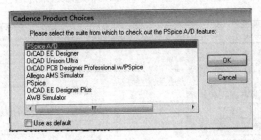

图 13.4　选择 Pspice A/D

5. 显示文件结构

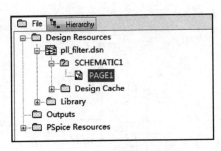

图 13.5　显示文件目录结构

6. 双击 PAGE1

弹出 SCHEMATIC1：PAGE1 电路图画面

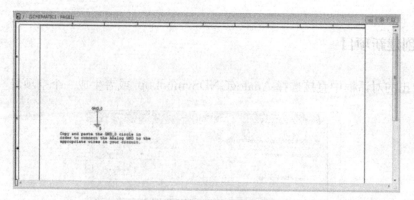

图 13.6 开始绘画电路图

7. 生成仿真图

从主菜单中选择 Place 的 Pspice Component 中选取元器件,生成要仿真的电路图。

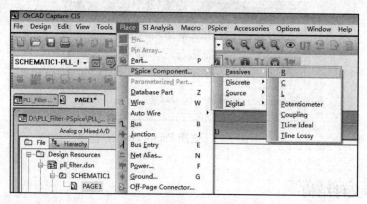

图 13.7 选择电路元器件

8. 画出电路图

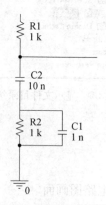

图 13.8 PLL 环路滤波器设计图

13.2　设置仿真参数

1. 新建仿真

选择主菜单 Pspice 下的 New Simulation Profile,输入名字,如果是第一次生成,Inherit 选择 none。

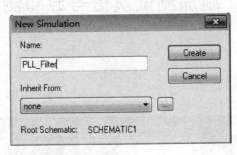

图 13.9

2. 选择仿真参数

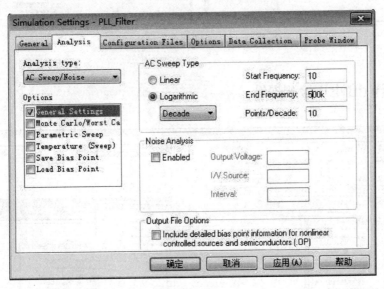

图 13.10

3. 实施仿真

这时主窗口仿真工具条中的执行箭头出现,表示已经允许仿真。

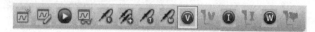

图 13.11

13.3　施加测试次信号源和测试点

1. 选择信号源 AC

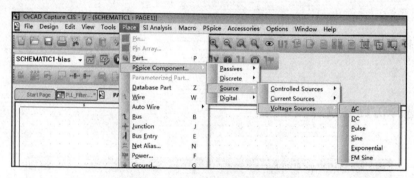

图 13.12　选择仿真信号源 AC

2. 选择 dB 电压检测探针

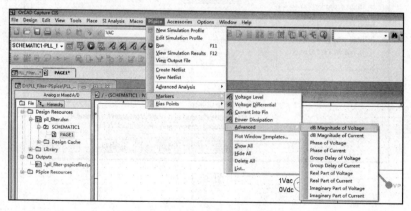

图 13.13　选择 dB 电压检测探针

3. 选择电压相位检测探针

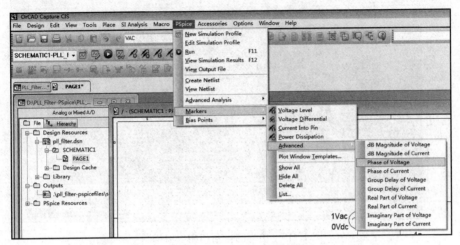

图 13.14　选择电压相位探针

4. 生成的仿真测试电路图

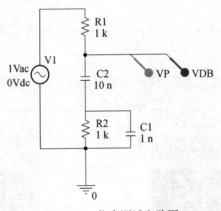

图 13.15　仿真测试电路图

13.4　点击运行观察仿真结果

可以通过修改仿真设置文件（选择 Pspice 的 Edit Simulation Profile）点击右上角绿色箭头重新仿真。

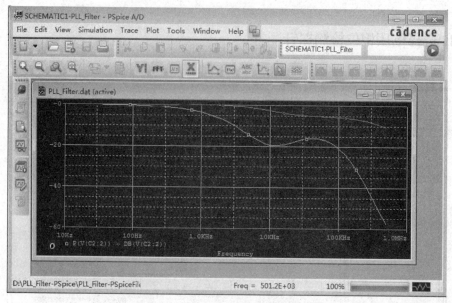

图 13.16　仿真的振幅和相位伯特图

13.5　复制仿真图形

可以选择主菜单 Window 下的 Copy to Clipboad 把结果拷贝进剪切板,然后粘贴在 Word 文档。

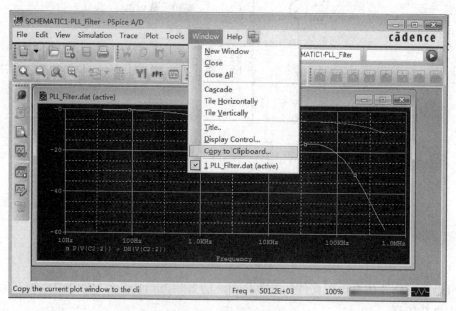

图 13.17　复制仿真结果

参考文献

1. [日]远坂俊昭.锁相环(PLL)电路设计和应用[M],北京:科学出版社,2006.

2. 何克兴:单谐振体差接桥型窄带晶体滤波器的设计,1986-05-01 无线电工程

3. 柴书常.24 位遥测地震仪[M],北京:石油工业出版社,2008-01.

4. Roland E.Best.锁相环设计、仿真与应用[M],北京:清华大学出版社,2003-12.

5. 杜勇.锁相环技术原理 FPGA 实现[M],北京:电子工业出版社,2016-06.

6. 李凯.高速数字接口原理与测试指南[M],北京:清华大学出版社,2014-11.

7. 立忠诚.现代晶体滤波器设计[M],北京:国防工业出版社,1981-01.

8. 王伟.Verylog HDL 程序设计与应用[M],北京:人民邮电出版社,2005-03.

9. 王敏志.FPGA 设计实战演练(高级技巧篇)[M],北京:清华大学出版社,2015-10.

10. 简弘伦.Verilog HDL IC 设计核心技术实例详解[M],北京:电子工业出版社,2005-10.

11. 田耘,徐文波,胡彬等.Xilinx ISE Design Suite 10.x FPGA 开发指南[M],北京:人民邮电出版社,2008-11.

12. Sercel:428XL Installation Manual,2006-12.

13. Sercel:428XL Technical Manual,2006-12.

14. Sercel:428XL User's Manual Vol.1,2006-12.

15. Sercel:428XL User's Manual Vol.2,2006-12.

16. Sercel:428XL User's Manual Vol.3,2006-12.

17. Sercel:428XL Reference Training Guide 002 "Seismic Areal Network",2006-01.

18. Sercel:428XL Reference Training Guide 005 "Seismic Software Network",2006-01.

19. TI:High-Resolution Analog-to-Digital Converter ADS1282-sp,2018.

20. Freescale Semiconductor:P1011 QorIQ Integrated Processor Hardware Specification,2012-03.

21. Actel:IGLOO Low-Power Flash FPGAs,2008-03.

22. Actel:Using LVDS for Actel's Axcelerator and TRAX-S/SL Devices,2006-10.

23. Xilinx:Spartan-3AN FPGA Family Data Sheet,2008-06.